江西理工大学优秀博士论文文库

微囊藻毒素生物降解研究

王华生 王俊峰 闫 海 著

U0360934

科学出版社

北 京

内 容 简 介

微囊藻毒素（microcystins，MCs）是一类能诱发肝脏肿瘤的单环七肽化合物，其化学性质稳定，常规水处理技术难以有效去除，而微生物法是去除MCs最安全和有效的方法。国内外在微生物降解MCs方面做了大量研究，但在微生物降解MCs的途径及其分子机理方面少有深入报道。本书以1株能高效降解MCs的菌株——鞘氨醇单胞菌USTB-05为研究对象，在菌体及降解酶对微囊藻毒素LR（MC-LR）降解特性研究的基础上，获取完整降解基因序列信息，并通过降解基因的克隆与表达、重组酶的活性验证及降解产物的分子结构测定，深入研究鞘氨醇单胞菌USTB-05降解MC-LR的途径与分子机理，为构建高效降解MCs的基因工程菌奠定理论基础。

本书力求通过微生物分子理论与技术来解决水环境污染重的问题，理论联系实际，适用性强，对从事给排水、环境及微生物水处理方面的科技人员有较高的使用和参考价值，也可作为大专院校相关专业的教学参考书。

图书在版编目（CIP）数据

微囊藻毒素生物降解研究/王华生，王俊峰，闫海著 —北京：科学出版社，2017.10

ISBN 978-7-03-054671-5

Ⅰ. 微…　Ⅱ. ①王… ②王… ③闫…　Ⅲ. 蓝藻纲-植物毒素-生物降解-研究　Ⅳ. Q949.22

中国版本图书馆 CIP 数据核字（2017）第 242105 号

责任编辑：杨　震　张淑晓　高　微 / 责任校对：王萌萌
责任印制：张　伟 / 封面设计：铭轩堂

科 学 出 版 社 出版
北京东黄城根北街 16 号
邮政编码：100717
http://www.sciencep.com

北京凌奇印刷有限责任公司 印刷
科学出版社发行　各地新华书店经销

*

2017 年 10 月第 一 版　开本：720 × 1000　1/16
2018 年 1 月第二次印刷　印张：7 1/4
字数：144 000

定价：68.00 元
（如有印装质量问题，我社负责调换）

前　言

　　微囊藻毒素（microcystins，MCs）是一类能诱发肝脏肿瘤的单环七肽化合物，其化学性质稳定，常规水处理技术难以有效去除，而微生物法是去除 MCs 最安全和有效的方法。虽然国内外学者在混合菌群和单一纯菌种的筛选及其降解 MCs 方面取得了重要的研究成果，也有关于降解 MCs 的纯菌种酶催化降解途径和降解基因功能识别方面的报道，但此方面的研究还不够全面，这些降解途径还只是停留在理论推导阶段，没有在真正意义上弄清楚每个降解基因所表达的蛋白酶在降解过程中所起的作用。而从分子水平上研究酶催化降解 MCs 过程可以揭示降解基因的功能特性和 MCs 的降解途径与分子机理。所以，对 MCs 降解基因进行克隆及异源表达，在酶水平上对 MCs 催化降解做进一步研究，可以深入阐释 MCs 的降解途径与分子机理。而构建高效基因工程菌并获取高纯度酶制剂，研究如何安全、快速、高效去除天然淡水水体中 MCs 的方法是当前形势下亟待解决的问题。本书旨在通过研究 1 株高效降解 MCs 的菌株——鞘氨醇单胞菌 USTB-05 降解微囊藻毒素 LR（MC-LR）的特性、降解基因信息的获取、降解基因的克隆与表达、酶的活性验证及降解产物的分子结构测定，推测鞘氨醇单胞菌 USTB-05 降解 MC-LR 的途径与分子机理。

　　本书的所有研究工作均在北京科技大学完成，感谢北京科技大学化学与生物工程学院生物系的张怀老师在分子生物学实验方面给予的悉心指导，尹春华老师、刘晓璐老师、胡继业老师、宋青老师、罗晖老师、许倩倩老师和吕乐老师在课题研究过程中给予的无私帮助，北京化工大学优势学科测试平台尚飞博士在降解产物质谱测定分析上给予了宝贵建议。感谢国家自然科学基金项目（No. 21467009，21677011，21177009）和教育部博士点基金项目（20120006110001）的资助。

　　本书由江西理工大学资助出版，在此表示感谢！

　　鉴于微囊藻毒素分子生物去除技术应用较少，涉及领域多，受作者水平和学科知识面所限，书中难免存在疏漏和不妥之处，敬请各位同行和读者批评指正。

作　者

2017 年 6 月

目　　录

第1章 绪 论

随着世界工业和农业的快速发展，大量含氮、磷的废水以及生活污水排入水体，致使水体富营养化程度日益加剧。水体富营养化（eutrophication）是指在人类活动的影响下，氮、磷等营养物质大量进入湖泊、河口、海湾等缓流水体，引起藻类及其他浮游生物迅速繁殖，水体溶解氧量下降，水质恶化，鱼类及其他生物大量死亡的现象。蓝藻水华是水体富营养化表现最为严重的一类现象。当前，世界上淡水湖泊蓝藻水华发生的频率与严重程度都呈迅猛增长的趋势，发生的地点遍布全球各地[1]。我国早在 20 世纪 60 年代在太湖中就发现了蓝藻水华现象[2]。据调查，20 世纪 80年代初我国有一半以上的湖泊处于富营养化状态[3]。到 20 世纪 90 年代，我国淡水水体的富营养化状况更严重，有 80%的天然淡水湖泊存在不同程度的富营养化污染现象[4]。进入 21 世纪，我国云南滇池、江苏太湖和安徽巢湖等淡水湖泊相继爆发了蓝藻水华污染事件[2, 5, 6]。此外，在长江、黄河中下游的许多湖泊和水库中也都出现蓝藻水华污染现象[7-9]。而 2007 年 5 月江苏太湖蓝藻水华的大规模爆发，更是将蓝藻水华的治理推向了国际研究舞台[10]。

蓝藻水华的藻种有许多种类型，这些藻种能产生并释放出多种藻毒素，其中微囊藻毒素（microcystins，MCs）是一类出现频率最高、产生量最大和造成危害最严重的藻毒素。研究结果显示，MCs 对动物的肝脏损害非常大，能使肝脏充血肿大，严重时可导致肝出血甚至坏死[11]。调查发现，饮用水中 MCs 的存在与人群中原发性肝癌和大肠癌的发病率有明显的相关性[12-14]。已有许多 MCs 引起野生动物、家禽和家畜等中毒或死亡事件的报道[15, 16]。虽然浮游动物和鱼类对 MCs 有较大的耐受性，但 MCs 常可以在其体内富集，并达到相当高的浓度，然后通过生态系统、食物链对人类造成潜在的威胁[17]。MCs 毒性较大，分布广泛，具有稳定的化学结构，常规饮用水处理技术并不能有效地去除[18]，对人们的饮水安全造成了严重的威胁[19, 20]。

面对天然水体中富营养化程度日益严重以及蓝藻水华爆发越来越频繁的局势，如何控制蓝藻的过量繁殖并有效去除蓝藻水华中释放的 MCs，已成为我国乃至世界环境科学研究领域的一个难题。由于 MCs 具有环状结构和间隔双键，在水体中相当稳定，混凝、沉淀和过滤及其组合单元工艺对蓝藻细胞分离效果好，而对溶解性MCs 的去除效果差；高锰酸钾、臭氧和氯等化学药剂氧化法对降解溶解性 MCs 效果明显，但容易带来"三致"物质以及消毒副产物等，造成二次污染；光解催化降解以及活性炭吸附对减少水中 MCs 效果较好，但光催化降解工艺操作复杂，活性炭吸附难以二次回收利用等缺点制约其在这方面的进一步应用。而微生物法处理 MCs 因具有高效、运行成本低、无二次污染等优点备受关注。国内外在微生物降解 MCs 方面做了大量研究，特别是纯菌种降解 MCs 的研究。但是这些研究基本集中在纯菌种的筛选及降解基因特性等方面，而对于酶催化降解 MCs 途径及其分子机理则少有报道。本书以 1 株能高效降解 MCs 的菌株——鞘氨醇单胞菌 USTB-05 为研究对象，在菌体及降解酶对微囊藻毒素 LR（MC-LR）降解特性研究的基础上，获取完整降解基因序列信息，并通过降解基因的克隆与表达、重组酶的活性验证及降解产物的分子结构测定，深入研究鞘氨醇单胞菌 USTB-05 降解 MC-LR 的途径与分子机理，为构建高效降解 MCs 的基因工程菌奠定理论基础。

1.1 MCs 的物化特性、种类及其毒性

1.1.1 MCs 的种类及其结构特点

MCs 是一类单环七肽化合物（图 1-1），分子量在 1000 左右，其一般结构是：D-丙氨酸在 1-位，2 个不同 L-氨基酸分别在 2-位和 4-位，D-异谷氨酸在 6-位。另外，3 个特殊的氨基酸分别为：3-位的 D-赤-β-甲基天冬氨酸（MeAsp），5-位的 3-氨基-9-甲氧基-2, 6, 8-三甲基-10-苯基-4(E)，6(E)-二烯酸（Adda），7-位的 N-脱氢丙氨酸（Mdha）。由于 Adda 基团和 MeAsp 基团的甲基化和去甲基化差异，以及在 2-位和 4-位的两个可变 L-氨基酸的不同，形成了多种类型的 MCs。2-位和 4-位的两个可变 L-氨基酸用 X 和 Z 来区分不同的 MCs 种类。目前，已经从不同的微囊藻中分离鉴定出 80 多种 MCs[21,22]。微囊藻毒素 RR（MC-RR）、MC-LR 及微囊藻毒素 YR（MC-YR）是常见的三种 MCs 类型，其中 MC-LR 是产生量最大、分布最广泛和造成危害最严重的类型之一，其分子结构见图 1-2。

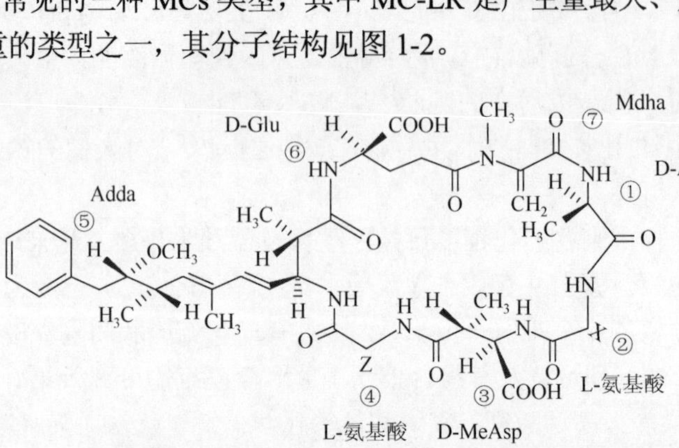

图 1-1　MCs 的化学分子结构通式（X 和 Z 分别代表可变 L-氨基酸）

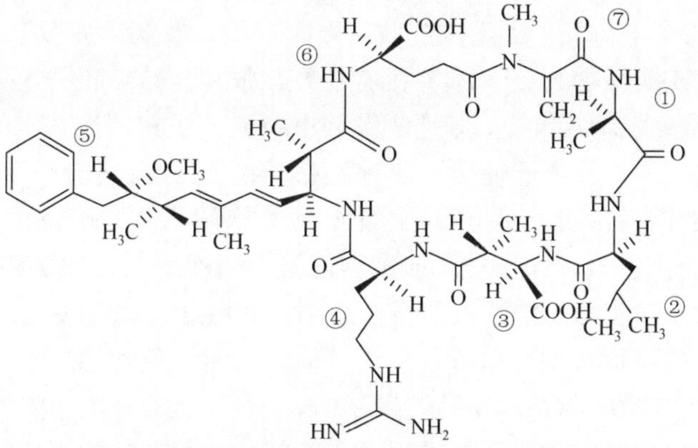

图 1-2 MC-LR 的化学分子结构式（其中②为亮氨酸，④为精氨酸）

MCs 的类型受温度影响而呈现出地域性差异。Rapala 等[23, 24]研究了不同条件下固氮水华鱼腥藻的产毒情况，发现 MC-LR 主要在 25℃以下时产生，而 MC-RR 主要在高于 25℃时产生。因此，以 MC-LR 作为主要的 MCs 类型一般在欧洲温度较低的地方检出[25, 26]，但在亚洲温度较高的地区 MC-RR 是主要类型[27, 28]。闫海[29]研究发现，我国云南滇池蓝藻水华藻细胞和水体中 MC-RR 的含量都高于 MC-LR。

MCs 的分子结构中含有羧基、氨基和酰氨基，其离子化倾向在不同的 pH 下有所不同。在中性水体中，具有疏水性；但由于存在极性官能团，其水溶性大于 1.0 g/L（25℃下，2.0 g/L 时 90%±3%溶解，1.0 g/L 时 96%±3%溶解），不易于吸附在颗粒物或沉积物中，而是保留在水体中。MC-LR 的正辛醇/水分配系数（$\lg D_{ow}$）从 pH 为 1 时的 2.18 降到 pH 为 10 时的–1.76，因此可以推测在爆发水华时的碱性条件（pH＞8）下，MCs 的生物富集效应较小[28, 30]。

虽然 MCs 化学性质相当稳定，在 pH 中性甚至 300℃高温下还能维持很长时间不分解[31, 32]，但由于 MCs 分子侧链的 Adda 基团有 β、γ 双键，所以理论上易于通过氧化、光降解和生物降解的途径破坏或改变其分子结构，达到降低其毒性甚至脱毒的效果，这已被许多研究报道所证实[33-38]。

1.1.2 MCs 的毒性

MCs 由于携带 Adda 特殊结构而具有很强的毒性[39]，其不仅使植物的幼苗发生变形、重量减少、侧根减少、叶片的光合作用效率减少[40, 41]，而且能干扰鱼类胚胎的发育，引起胚胎孵化率降低，还对胚胎有致畸作用。动物若直接接触或饮用含有 MCs 的水会造成昏迷、肌肉痉挛、呼吸急促和腹泻等中毒症状。人若直接接触含 MCs 的水华蓝藻，会造成皮肤、眼睛过敏、发烧、疲劳以及急性肠胃炎。如果经常接触或饮用含 MCs 水体，则会引发皮肤癌、肝炎和肝癌等病症[42]。在长期饮用含有 MCs 水的人群中，肝癌的发病率明显高于饮用深井水的人群[43]。1996年，在巴西发生了一件由于使用了含有 MCs 的水进行血液透析而导致 50 多人死亡的中毒事件[44]。因此，世界卫生组织推荐饮用水中 MC-LR 的浓度不高于 1.0 mg/L[45]。研究发现，MCs 能抑制细胞内蛋白磷酸酶 1（PP1）和蛋白磷酸酶 2A（PP2A）的活性，使细胞骨架上的蛋白质因过磷酸化而发生变性，进而损伤细胞骨架系统，同时还可观察到微管系统的解体，从而导致细胞变形或器官失活、衰竭甚至坏死[46, 47]。MacKintosh 等[48]发现 MCs 能强烈抑制植物中 PP1 和 PP2A 活性，影响营养物质的吸收、迁移及根韧皮部的功能和茎叶的生长。Miura 等[49]发现暴露于 MC-LR 的鱼肝脏肿大、充血以致坏死。同时 MCs 可诱导生物体内细胞的凋亡，影响相应器官的功能及活性[50]。MCs 在经过相应载体的运输作用进入细胞后，会引发活性氧自由基的快速产生[51]，诱导细胞内氧化应激反应，干扰细胞内某些信号物质（如 Bc1-2 族蛋白）的传导，促进细胞凋亡或增殖等进程[52]。同时，MC-LR 可以与 PP2A 的催化亚基结合，抑制该酶的蛋白脱磷酸活性，通过干扰蛋白分子脱磷酸化而打破细胞内信号物质平衡（如 p53 蛋白、Bc1-2 蛋白家族、CaMKII 等），影响线粒体、细胞核、内质网等细胞器的功能，最终开启、加速细胞凋亡程序[53, 54]。1997 年，Sueoka 等[55]首次报道 MC-LR 会改变致癌基因和肿瘤抑制基因的表达，促进细胞癌变。Toivola 等[56]认为，MCs 抑制 PP2A 活性并影响 MAPK 信号的过程是其促进肿瘤形成的关键。

1.2　MCs 的提纯与分析检测

1.2.1　MCs 的提纯

MCs 提取提纯比较典型的方法是以蓝藻细胞为对象，经过提取、浓缩和分离等过程获得所需纯度的 MCs。

提取主要采用溶剂萃取法，其步骤包括藻细胞与提取溶剂的混合，搅拌或振荡，以及超声波降解或者反复冻融裂解细胞。常用的几种溶剂有 5%乙酸[57]、正丁醇-甲醇-水[58]和甲醇-水[59]，也有采用乙醇-水体系的[60]。最近报道已开发了沸水浴及微波炉在 MCs 提取方面的应用[61, 62]。由于提取对象如新鲜蓝藻和冻干的藻细胞、提取溶剂和操作步骤的差异，各种方法之间很难作出统一的比较，故很少有明显的证据表明哪种提取方法是最好的。在提取溶剂方面，目前普遍采用的是不同比例的甲醇-水溶液，其中 50%～80%的甲醇溶液被认为是最有效的提取液。

闫海等[63]以冷冻干燥的云南滇池水华蓝藻藻粉为原料,用不同浓度的甲醇溶液提取 MCs 时发现,40%的甲醇溶液可最大限度地从藻细胞中提取 MC-RR 和 MC-LR。在裂解藻细胞方面,虽然超声波降解法被广泛采用,但是也有文章认为其效果较小,如采用反复冻融法也能达到较好的提取效果。另外,提取时间和提取温度也是影响提取效果的因素,但是这方面的研究报道较少,而且也没有明确的定论[64]。

MCs 提取液的浓缩主要采用蒸发和固相萃取两种方法进行,蒸发的方法可以采用旋转蒸发器在 40℃时进行减压旋转蒸发,也可以通过吹空气或氮气的方法将提取液吹干。固相萃取(SPE)是使 MCs 提取液吸附于固相萃取柱并经洗脱后,不仅能够达到浓缩的目的,还能起到初步提纯的作用。基本上采用反相 C_{18} 填料作为固体萃取相,采用甲醇为洗脱液,但也有采用含 0.1%三氟乙酸(TFA)的 90%甲醇溶液将 MCs 洗脱[65]。闫海等[63]发现,在用 70%甲醇溶液洗脱吸附于固相萃取柱上 MCs 的过程中,洗脱液的颜色基本按照由蓝绿色到橘黄色再到基本无色透明的规律进行变化。收集无色透明洗脱液,经用氮气吹干后,可以获得纯度为28.6%的 MC-RR 和纯度为 12.9%的 MC-LR。

目前应用最普遍的提纯方法是应用 C_{18} 等不同类型的分离柱在 HPLC 上根据MCs 紫外吸收峰收取对应的流动相,可以获得较高纯度的 MCs,但是效率较低。近年来,随着分析仪器的发展,许多其他技术被运用在藻毒素的分离上,如超滤技术等,为藻毒素的分离提供了更为广阔的发展空间。

1.2.2 MCs 的分析检测

根据所要达到的目的和所需获取的信息的不同,可采取不同的方法应用于 MCs的分析检测。检测方法有薄层层析法(TLC)、蛋白磷酸酯酶抑制法、气相色谱法(GC)、生物毒理检测法、酶联免疫吸附分析法(ELISA)、高效液相色谱法(HPLC)和液相色谱-质谱法(LC-MS)等,最常用的检测方法主要是 ELISA、HPLC 和 LC-MS。

HPLC 是目前欧美等发达国家广泛采用的一种 MCs 的分离、鉴定和定量检测方法,同时也是我国在水质监测领域中 MCs 检测的国标方法(GB/T 20466—2006)[66]。大多数实验室也是用配有二极管阵列检测器的反相高效液相色谱(HPLC-PDA)来进行 MCs 的常规检测。近年来,HPLC 测定 MCs 的报道很多,基本都集中在对样品的前处理、洗脱液、SPE 柱、淋洗剂、浓缩定容过程、色谱分析条件的优化等方面。HPLC 测 MCs 的前处理以固相萃取为主,一般采用C_{18} 或 HLB 柱为填料的反相柱。目前,广泛采用的高效液相色谱-紫外联机法(HPLC-UV)对毒素进行萃取分离并纯化后进行紫外检测,通过被测 MCs 与标准 MCs 出峰时间的比较对毒素种类进行定性鉴定,并用峰面积比较法对毒素进行定量分析,检出限能达到 0.1 μg/L。正是由于 HPLC 技术具有检测 MCs 准确性高, 并且可以对不同的 MCs 异构体进行分析检测等优点, 已成为 MCs 的一种常规方法[67]。但目前 HPLC 方法的普及应用仍受到诸多限制, 一是 HPLC 法需要使用昂贵的大型仪器设备和配备专业操作技术人员; 二是 HPLC 检测技术需要标准 MCs 用来获得标准曲线和吸收峰值, 而目前除了 MC-RR、MC-LR 等少数的标准 MCs 外, 其余的 80 多种 MCs 异构体大多缺乏标准 MCs; 三是虽然二极管阵列检测器可获得更多的紫外光谱信息, 但是由于 MCs 都显示相似的紫外光谱特征, 故 HPLC 法对 MCs 的定性分析能力比较有限。

标准 MCs 的缺乏限制了 HPLC 的应用范围, 但 LC-MS 技术很好地解决了这个问题[68]。LC-MS 将色谱的分离能力与质谱的定性功能结合起来, 实现对水体中 MCs 更准确的定量和定性分析。即使没有标准 MCs, 只要知道这种 MCs 的分子量, 就可对其进行定性定量检测分析。虽然 MCs 种类繁多, 有很多异构体, 但每种异构体的分子中都只有一个 Adda 侧链, 因此, 日本学者 Sano 等[69]建立了一种检测 MCs 总量的方法。首先利用 $KMnO_4$ 和 $NaIO_4$ 对 MCs 进行氧化, 将 Adda 上的共轭双键氧化断裂后得到一种共同的产物 2-甲基-3-甲氧基-4-苯丁酸 (MMPB), 然后通过 GC 对 MMPB 进行分析检测, 可获得 MCs 总浓度[70]。该方法所需样品量少, 灵敏度高, 检测限度为 pg 级, 但较为耗时。

ELISA 是现代应用最为广泛的一种免疫检测方法, 自 20 世纪 80 年代就开始用于环境中 MCs 的检测, 其基本原理是将特异性的抗原抗体反应与酶的高效催化作用相结合。1990 年, Chu 等[71]首先提出 ELISA 检测 MCs 的完整程序, 它是利用多克隆或单克隆抗体来检测 MCs, 灵敏度高、分析速度快捷, 特异性识别能力较强, 测定水环境中的 MCs 时无需进行样品预浓缩。目前, 常用的商品化 ELISA 试剂盒多采用直接竞争性 ELISA 方法, MCs 检测试剂盒由可以与 MCs 和 MCs 酶标记物结合的多克隆抗体制成, 样品中的 MCs 与 MCs 酶标记物竞争结合数量有限的抗体结点, 样品中 MCs 含量低的则酶标记物结合得多, 反之则酶标记物结合得少, 最后通过酶与生色底物的反应来观察检测。

1.3 MCs 的物理和化学去除法

1.3.1 物理法

(1) 物理除藻。利用超声波的机械振动和空化效应造成生物细胞组织的损伤、断裂或粉碎, 使生物组分发生物理和化学变化, 高效节能地破坏蓝藻天然复合物的关键组分, 或抑制其生物合成, 从而抑制光合作用的进行, 达到抑制蓝藻生长、防止水华爆发的目的。还可以通过重力斜筛自动脱水设备进行脱水处理, 脱水后形成的藻浆经去毒处理, 将成为上好的有机肥料或饲料[72]。

（2）过滤和沉淀。常规水处理工艺中的滤料对溶解的藻毒素去除效果不佳，但对存在于藻细胞中还未释放的毒素则有一定的去除效果。有学者直接用石灰和少量明矾在 pH 6～10 的条件下处理水样，由于石灰和明矾引起藻细胞的凝结和沉降，MC-LR 会在聚集的藻细胞中保持或分解，但不能释放到水体中，从而不表现出毒性[73]。

（3）活性炭吸附。活性炭具有比表面积大、化学惰性等优点，是一种优良的吸附剂。水处理工艺中常用的活性炭滤料是粉末活性炭（PAC）和颗粒活性炭（GAC）。PAC 可以去除 MC-LR 但对类毒素-α 去除无效果，GAC 对两种毒素均有良好的去除效果[74]。使用活性炭过滤可以去除 0.1 μg/L 以上浓度的 MC-LR。Warhurst 等[75]也发现活性炭对 MC-LR 有吸附能力，50 mg/L 活性炭可以将初始 20 μg/L 的 MC-LR 全部吸附，吸附量为 0.4 μg/mg。

（4）膜滤。超滤对 MCs 的去除效果可达 98%，反渗透则可以达到 99.6%[76]。膜技术可以将绝大部分的 MCs 分子去除，但使用膜技术成本高。

1.3.2　化学法

（1）化学除藻。利用除草剂、杀藻剂及金属盐等来控制水华，如用硫酸铜治藻，硫酸铜在水中分解为 Cu^{2+} 和 SO_4^{2-} ，Cu^{2+} 与藻体中的蛋白质结合，蛋白质变性，藻体死亡，但 Cu^{2+} 容易给水体带来二次污染，因此不能作为常规使用方法。

（2）氯化氧化。用氯氧化剂脱除 MCs 毒素的研究较多，其脱毒效能存在较大争议，近期的研究成果显示，部分氯氧化剂可以有效地去除藻毒素。Nicholson 等[77]在研究中发现，以液氯和次氯酸钙作消毒剂，使水体保持 0.5 mg/L 的氯浓度，可有效控制毒素，加大剂量，效果更佳（1 mg/L 时可达到 95%）；次氯酸钠的消毒效果稍差。

（3）臭氧氧化。Hoeger 等[78]使用 0.3～2 mg/L 臭氧与含 MCs 的水接触 9 min 后反应 60 min（臭氧关闭）测定去除效果，结果显示，去除效果与藻细胞密度、臭氧浓度、接触时间和温度有关。0.05 mg/L 臭氧能完全破坏藻毒素，但不会引起藻类细胞的裂解。

（4）光催化氧化。在蒸馏水中，自然光及荧光都不能破坏 MCs，因此直接光降解无法消除自然水体中的 MCs。MCs 可以较为容易地通过特定波长的紫外光照射而去除，如暴露在最大紫外吸收波长（238～254 nm）时，则降解较快（数分钟），其去除率和光线的强度有关。目前的研究表明，使用紫外线照射是一种去除源水中藻毒素的有效方法[79]。Welker 等[80]以腐殖质作为光敏剂，在日光照射下 MCs 初始浓度为 10 μg/L 时，半衰期为 10.5 h。Shephard 等[81]利用二氧化钛作为催化剂，使用紫外光氧化 MCs，在 MCs 初始浓度为 80 μg/L 时，其半衰期可降低到 10 min

左右。研究表明，此方法在自然水体中同样适用[82]。张维昊等[4]发现蓝藻色素对 MCs 的光降解有一定的促进作用，这可能是天然水体中加速 MCs 光解的一个重要因素。

<h1 style="text-align:center">1.4　MCs 微生物降解研究进展</h1>

微生物降解是 MCs 去除的有效途径之一。虽然 MCs 的化学结构稳定，不易被真核生物和一般细菌分解，但是仍然能被天然水体中某些特殊细菌降解。这些细菌能够产生专门降解 MCs 的酶，从而对 MCs 有一定的降解作用。目前，主要采用混合菌和纯菌种两种方法降解 MCs。

1.4.1　混合菌降解 MCs

具备降解 MCs 能力的土著菌在天然水体及其沉积物中均有所发现。吴振斌等[83]研究了人工湿地系统对 MCs 的去除效果及影响因素，发现以含蓝藻水华的鱼塘水为原水，当进水含 MCs（0.117 mg/L）时，去除率 50%左右，其中对 MC-YR 的去除效果最好。吕锡武等[84]考察了 MC-LR、MC-RR 和 MC-YR 经序批式膜生物反应器的处理效果，经 24 h 处理后发现 3 种 MCs 的去除率均高于 90%。金丽娜等[85]发现沉积物的用量以及反应体系温度对滇池沉积物生物降解 MCs 影响较大。周洁等[86]经过初步筛选分离得到了能够在 3 d 内完全降解 MC-RR（50 mg/L）和 MC-LR（30 mg/L）的混合菌群微生物。在爆发蓝藻水华污染的水体以及水体沉积物中发现存在具备降解 MCs 能力的微生物[87-89]。Inamori 等[90]利用需氧菌对水体中的 MCs 进行降解研究，结果发现该菌能够在 10 d 内将 MCs（40 mg/L）完全降解。污水厂排污口也存在能够快速降解 MCs 的微生物，其在 2 d 之内将 MC-LR（182～837 mg/L）完全降解[91]。

由此可见，对 MCs 有降解能力的微生物菌种普遍存在于天然水体中，筛选分离出具有高效降解 MCs 的纯菌种，可以为进一步研究 MCs 的降解及其应用奠定良好基础。

1.4.2　纯菌种降解 MCs

目前，国外有关分离降解 MCs 纯菌种的报道较多。Jones 等[92]最早从天然水体中分离出 1 株对 MC-LR 有一定降解能力的纯菌种 ACM-3962，并将其分类为鞘氨醇单胞菌（*Sphingomonas*）。随后，日本学者在此方面开展了大量研究。

Takenaka 等[93]从天然水体中分离 1 株对 MC-LR 有降解能力的铜绿假单胞菌（*Pseudomonas aeruginosa*），它能在 20 d 内将 MC-LR（初始浓度 50 mg/L）去除 90%以上。Park 等[94]和 Ishii 等[95]分别从日本 Suwa 湖中分离出 1 株对 MCs 具备较高降解能力的纯菌种 Y2 和 7CY，其中 Y2 菌对 MC-RR 和 MC-LR 的最大日降解速率分别达到 13.0 mg/L 和 5.4 mg/L。通过 16S rDNA 分析发现，二者均属鞘氨醇单胞菌，并且 7CY 与 Y2 之间有较高的同源性。Tsuji 等[96]从日本的 Tsukui 湖中分离出 1 株对 MCs 有降解能力的微生物纯菌种 B-9，1 d 内可将一定浓度的 MCs 全部降解，最后通过 16S rDNA 分析发现，B-9 与鞘氨醇单胞菌 Y2 的同源性高达 99%。Saito 等[97]从中国贵阳市某发生水华的湖泊和日本 Kasumigaura 湖中分别分离了具有降解 MCs 能力的鞘氨醇单胞菌 C-1 和 MD-1。2005 年，德国学者 Valeria 等[98]从阿根廷的水库中筛选出 1 株鞘氨醇单胞菌 CBA4，该菌在 36 h 内就能将浓度为 200 mg/L 的 MC-RR 完全降解。2007 年，Ho 等[99]从生物沙滤器分离出 1 株能够降解 MC-LR 和 MC-LA 的菌种 LH21，经 16S rDNA 鉴定为 *Sphingopyxis* sp.，经 PCR 扩增发现该菌株具有完整的降解 MCs 的 *mlr* 基因簇。

进入 21 世纪后，国内在 MCs 降解菌种筛选方面开始进行研究。2002 年，我们从滇池底泥中分离出 1 株纯菌种青枯菌（*Ralstonia solanacearum*），该菌在 3 d 内可将初始浓度 50.2 mg/L 的 MC-RR 和 30.1 mg/L 的 MC-LR 全部降解，日均降解速率分别达 16.7 mg/L 和 9.4 mg/L[29]。周洁等[100]从滇池底泥中筛选出 1 株对 MCs 有着更强降解能力的食酸戴尔福特菌（*Delftia acidovorans*），在 2 d 内可将初始浓度 90.2 mg/L 的 MC-RR 和 39.6 mg/L 的 MC-LR 全部降解，日均降解速率分别提高到 45.1 mg/L 和 19.8 mg/L。Wang 等[101]从滇池底泥中分离出 1 株鞘氨醇单胞菌（*Sphingopyxis* sp. USTB-05），其在 36 h 内将初始浓度 42.3 mg/L 的 MC-RR 全部降解，而该菌的无细胞提取液（350 mg/L 蛋白）则在 10 h 内将初始浓度 42.3 mg/L 的 MC-RR 全部降解。宦海琳等[102]从南京发生水华的水体中筛选分离出了 5 株降解 MCs 能力较强的细菌，经过鉴定发现分别属于芽孢杆菌属（*Bacillus*）、肠杆菌属（*Enterobacter*）、不动杆菌属（*Acinetobacter*）、弗拉特氏菌属（*Frateuria*）和微杆菌（*Micro bacterium*）。刘海燕等[103]从南京发生水华的水体中分离出对 MC-LR 有显著降解能力的菌株 S3，经 16S rDNA 序列比对分析发现，该菌与类芽孢杆菌（*Paenibacillus validus*）的相似性达 98%。苑宝玲等[104]研究了假单胞菌（*Pseudomonas*）M-5、M-6 及气单胞菌（*Aeromonas*）M-7 混合培养与单菌株培养对 MC-LR 的降解效率，结果表明，混合菌株对 MCs 的降解效果明显优于单菌株，说明混合菌株之间具有协同生长效应。但同时认为菌株之间的组合具有很大的随机性，还需从菌株的生理生化特性及对污染物的降解过程和机理的研究入手，探讨具有协同作用菌株的组合过程。

此外，在寡养单胞菌属（*Stenotrophomon*）[105]、神经鞘氨醇菌属（*Sphingosinicella*）[106]、金藻属（*Poterioochromonas*）[107]、伯克霍尔德菌属（*Burkholderia*）[108]、短杆菌属（*Brevibacterium*）[109]、红球菌属（*Rhodococcus*）[109]和吉氏库特氏菌（*Kurthia gibsonii*）[110]等菌属中也发现了可降解 MCs 的菌种。目前，国内外报道能降解 MCs 的菌种多达 50 余种（部分可降解 MCs 的菌种见表 1-1），涵盖的菌属较广，但主要为鞘氨醇单胞菌属类菌种。

表 1-1 部分可降解 MCs 的菌种及其详细信息

菌种	来源	GenBank 登录号 [1]	可降解种类
Ralstonia solanacearum[29]	中国滇池		MC-LR，MC-RR
Sphingomonas sp. ACM-3962[92]	澳大利亚马兰比吉河	AF401172	MC-LR，MC-RR
Pseudomonas aeruginosa[93]	日本		MC-LR
Sphingosinicella sp. Y2[94]	日本诹访湖	AB084247	MC-LR，MC-RR，MC-YR，6（Z）-Adda-MCLR
Sphingomonas sp.7CY[95]	日本诹访湖	AB076083	MC-LR，MC-RR，MC-LY，MC-LW，MC-LF
Sphingosinicella sp. B-9[96]	日本津久井湖	AB159609	MC-LR，MC-RR
Sphingomonas sp. MD-1[97]	日本霞浦湖	AB110635	MC-LR，MC-RR，MC-YR
Sphingopyxis sp. C-1[97]	中国贵阳		MC-LR，MC-RR
Sphingomonas sp. CBA4[98]	阿根廷圣洛克水库	AY920497	MC-RR
Sphingopyxis sp. LH21[99]	澳大利亚麦庞加水库	DQ112242	MC-LR，MC-LA
Delftia acidovorans[100]	中国滇池		MC-LR，MC-RR
Sphingopyxis sp.USTB-05[101]	中国滇池	EF607053	MC-LR，MC-RR
Paenibacillus sp.S3[103]	中国南京	DQ836314	MC-LR
Pseudomonas sp. M-5[104]	中国福建		MC-LR
Pseudomonas sp. M-6[104]	中国福建		MC-LR
Aeromonas sp. M-7[104]	中国福建		MC-LR
Stenotrophomonas sp. EMS[105]	中国	FJ712028	MC-LR，MC-RR
Burkholderia[108]	巴西	DQ459360	MC-LR
Brevibacterium sp. F3[109]			MC-LR
Bacillus sp.M6[110]	中国巢湖	JN717163	MC-LR，MC-RR
Pseudomonas sp. DHU-38[111]	中国淀山湖	HM047515	MC-RR
Novosphingobium sp. THNI[112]	中国太湖		MC-LR
Morganella morganii（LAAFP-C25216）[113]	澳大利亚		MC-LR
Pseudomonas sp. C25459[113]	澳大利亚		MC-LR
Sphingomonas sp. C25358[113]	澳大利亚		MC-LR
Arthrobacter sp. F7			MC-LR
Rhodococcus sp. C3			MC-LR
Novosphingobium aromaticivorans DSM 12444		CP000248	MC-LR

1）GenBank 登录号对应的是该菌株 16S rDNA 序列

1.5　MCs 降解途径及分子机理研究进展

1.5.1　MCs 酶催化降解

酶在催化降解 MCs 方面发挥至关重要的作用。苑宝玲等[114, 115]研究了假单胞菌（*Pseudomonadaceae*）M-6 细胞内外提取液对 MC-LR 的降解效率，结果表明，细胞外提取液对藻毒素没有降解作用，胞内酶粗提液能在 24 h 内完全降解 MC-LR，日均降解率是纯菌株 M-6 的 4.7 倍，判断假单胞菌 M-6 降解 MCs 的酶属于胞内酶，并推测 MC-LR 快速被降解主要归于细胞内酶的催化作用，通过降解产物的分析，发现至少有 3 种酶参与了 MC-LR 的降解。王俊峰[116]认为鞘氨醇单胞菌 USTB-05 降解酶也属于胞内酶，并发现酶催化降解 MC-RR 远远高于菌体降解的速率。

1.5.2　MCs 微生物降解基因

从分子水平上研究微生物降解 MCs 基因的功能，可以为弄清 MCs 降解途径及其分子机制奠定基础。Bourne 等[117]初步研究了鞘氨醇单胞菌 ACM-3962 降解 MC-LR 的基因簇。通过 MC-LR 降解产物的 HPLC 检测，判断 ACM-3962 至少有 3 种酶（MlrA、MlrB、MlrC）依次参与了 MC-LR 的催化降解，对应的降解基因分别为 *mlrA*、*mlrB*、*mlrC* 和 *mlrD* 4 段基因（统称 *mlr* 基因簇）（图 1-3），其中 *mlrD* 为转运基因。通过建立基因文库及基因的亚克隆，发现该 4 段基因包含在 1 段相邻长度为 5.8 kb 的 DNA 片段中。通过与同类蛋白序列比对分析，推测 *mlrA* 所编码的第一个 MCs 降解酶（MlrA）属于一种金属蛋白酶，是由 336 个残基组成的肽链内切酶；位于 *mlrA* 下游且具有相同翻译方向的是基因 *mlrD*，是一个寡肽转运子；*mlrB* 则位于 *mlrD* 下游并具有相反翻译方向；基因 *mlrC* 位于 *mlrA* 上游具有相反的翻译方向，所编译的酶也是一种金属蛋白酶。

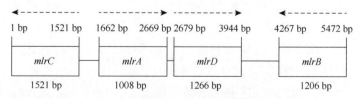

图 1-3　ACM-3962 菌 *mlr* 基因簇信息[117]

虚线箭头为基因编码方向

Saito 等[118]通过 PCR 技术对具有降解能力的鞘氨醇单胞菌 Y2 和鞘氨醇单胞菌 MD-1 进行了检测发现：在它们的 DNA 中均有 *mlrA* 基因的存在，并且与菌 ACM-3962 具有很高的同源性；而在 1 株与鞘氨醇单胞菌属非常相近的菌种中却未检测到 *mlrA* 基因的存在，但在另外 2 种不是鞘氨醇单胞菌的菌种中却检测出 *mlrA* 基因，故推测 MCs 降解基因并不一定存在于鞘氨醇单胞菌属中。Jiang 等[112]对 *Novosphingobium* sp. THN1 中的 *mlr* 基因簇进行了异源表达，发现 *mlrA* 具有降解 MC-LR 的活性。Shimizu 等[119, 120]发现 Adda 对 *mlrA* 和 *mlrB* 的诱导表达发挥重要作用，MC-LR 的环状结构与 *mlrC* 的诱导有着紧密的联系。

尽管国内外对 MCs 降解基因进行了研究，但总体仍处于起步阶段。目前的研究大部分集中在鞘氨醇单胞菌 *mlr* 基因簇 4 段降解基因上。但根据 Hashimoto 等[121]的研究结果可以推测，参与降解 MCs 的基因不止这 4 段基因。至于这些降解基因的功能特性研究基本还没有涉及。而其他菌属降解 MCs 的研究却仍停留在菌种或粗提酶的降解特性上，还没有进入分子水平领域的研究。

1.5.3 MCs 降解途径及分子机理

对于 MCs 的降解途径，多肽类化合物的生物降解途径一般遵循由多肽到二肽，再到氨基酸和氨的转化过程[29, 122]。因为 MCs 属于环状七肽化合物，因此推测其生物降解中至关重要的一步是环状的 MCs 转化为线形的 MCs 的过程。Cousins 等[87]研究了微生物降解 MC-LR 的作用机制，推测 MC-LR 降解途径可能有两种，一种是通过裂开其中的一个肽键来开环，形成的七肽直链又通过打开肽键形成更小的多肽；另一种是 Adda 基团侧链在生物酶的作用下共轭双键被破坏，或者精氨酸侧链被降解。Bourne 等[117, 123]研究认为 MlrA 首先负责打开位于 Adda 与精氨酸之间的肽键，使环状的 MC-LR 变成线形的 MC-LR；MlrB 负责将线形 MC-LR 肽链上连接丙氨酸与亮氨酸的肽键进一步断裂，生成四肽化合物；而 MlrC 则负责将四肽化合物更进一步降解，产物是更小的氨基酸和多肽（图 1-4）。Yan 等[124, 125]对鞘氨醇单胞菌 USTB-05 降解 MCs 的途径进行了研究，认为 USTB-05 菌降解 MC-LR 的第一步是打开 MCs 环上连接 Adda 与精氨酸的肽键，同时加上一个氢和羟基，将环状 MC-LR 转化为线形 MC-LR。王俊峰[116]认为 MCs 中 Adda 与精氨酸之间的肽键首先被打开的原因是该肽键键能比其他的要小，容易受到攻击而断裂。Hashimoto 等[121]却用 Marfey 方法在 B-9 菌降解 MC-LR 的过程中检测出除线形 MC-LR、四肽（Adda-Glu-Mdha-Ala）及 Adda 以外的其他 7 种降解产物，并推测出不同于文献[117]、[119]报道的 MC-LR 降解途径（图 1-5）。

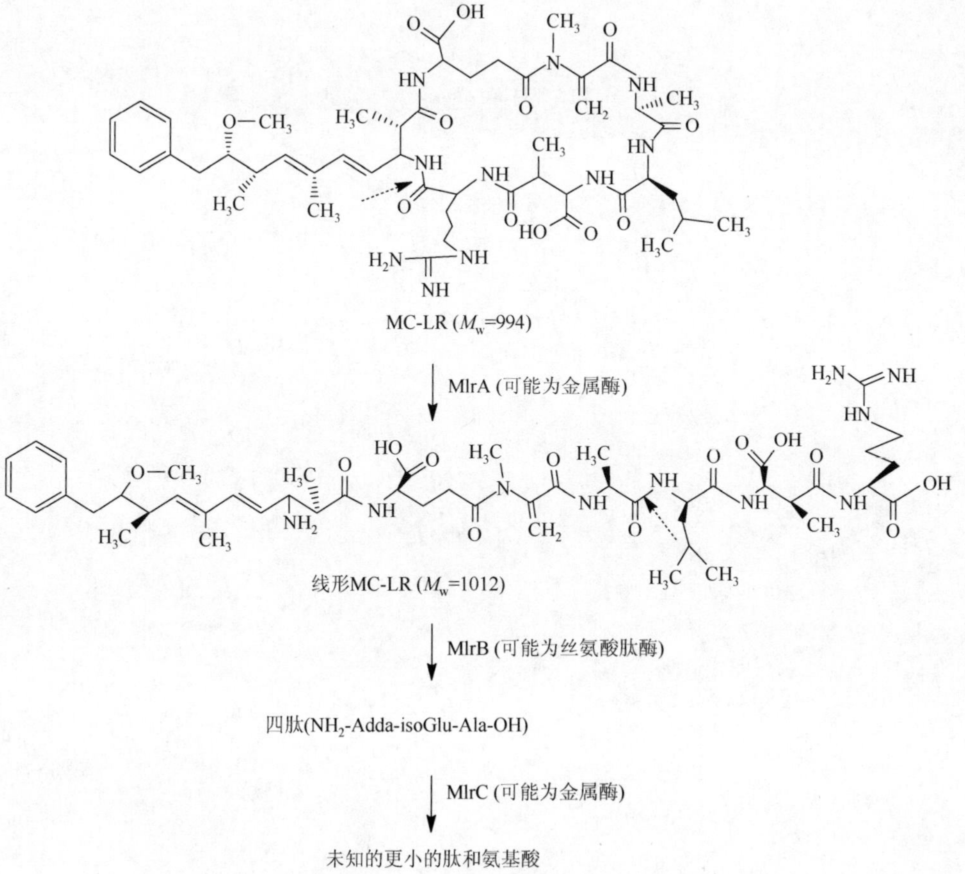

图 1-4　ACM-3962 菌酶催化降解 MC-LR 途径[117]
虚箭头为肽键断开的位置

　　闫海[29]在筛选出高效降解 MC-RR 菌——青枯菌（Ralstonia solanacearum，RS）的基础上，对 MC-RR 的生物降解分子途径进行了推测，发现至少有 2 种酶参与了 MC-RR 的降解过程。环状 MC-RR 的 Adda 与精氨酸之间的肽键在第 1 种酶的作用下被断裂，变成线形 MC-RR，接着在第 2 种酶的催化下进一步脱水缩合，形成具有 2 个小肽链环的线形 MC-RR 作为酶催化降解的最终产物（图 1-6）。周洁等[100]对食酸戴尔福特菌（Delftia acisdovorans，DA 菌）降解 MC-RR 的途径进行了初步研究，发现有 3 种酶参与了 MC-RR 的酶促反应，分别生成了 3 个代谢产物，其中 2 个中间代谢产物和 1 个最终产物。何宏胜等[126]发现铜、锰、锌等金属离子对 DA 菌酶促反应均没有促进作用。

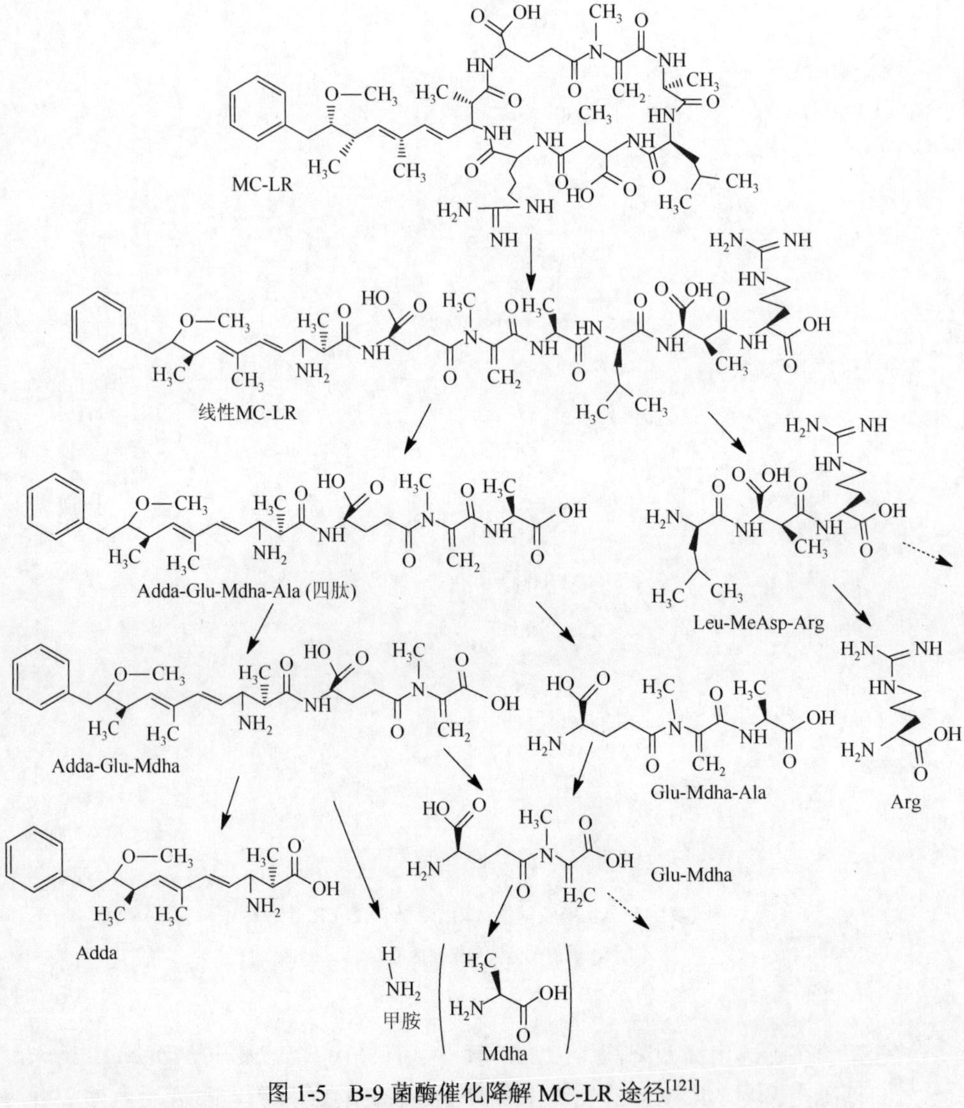

图 1-5　B-9 菌酶催化降解 MC-LR 途径[121]

　　综上所述,虽然国内外学者在混合菌群和单一纯菌种的筛选及其降解 MCs 的特点方面取得了重要的研究成果,也有关于降解 MCs 的纯菌种酶催化降解途径和降解基因功能识别方面的报道。但此方面的研究还不够全面,这些降解途径还只是停留在理论推导阶段,没有真正意义上弄清楚每个降解基因所表达的蛋白酶在降解过程中所起的作用。而从分子水平上研究酶催化降解 MCs 过程可以揭示降解基因的功能特性和 MCs 的降解途径与分子机理。所以对 MCs 降解基因进行克隆及异源表达,在酶水平上对 MCs 催化降解做进一步研究,可以深入研究 MCs 的降解途径与分子机理。而构建高效基因工程菌并获取高纯度酶制剂,研究如何

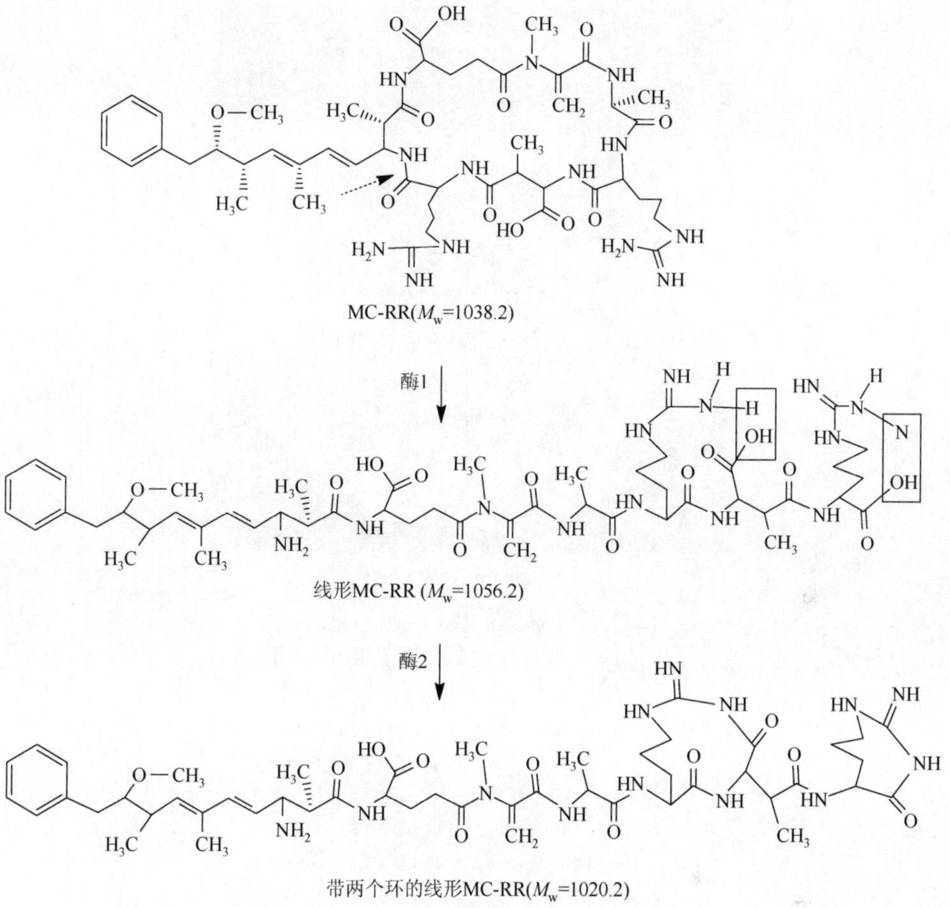

MC-RR(M_w=1038.2)

酶1 ↓

线形MC-RR (M_w=1056.2)

酶2 ↓

带两个环的线形MC-RR(M_w=1020.2)

图 1-6 RS 菌酶催化降解 MC-RR 途径[29]

虚箭头为肽键断开的位置

安全、快速、高效去除天然淡水水体中 MCs 的方法是当前形势下亟待解决的问题。

1.6 USTB-05 菌株简介

USTB-05 菌株为笔者实验室从云南滇池底泥筛选所得，能高效降解 MCs。USTB-05 为革兰氏阴性菌，细胞呈球状（图 1-7）。它的最大耐盐度为 2%，属好氧菌；可以生长的 pH 范围为 6~11，最佳 pH 为 7~8；在 30℃、200 r/min 条件下生长最好；对 Tet、Str、Kan、Amp、Cm、Gen、Spe 及 Er 等八种抗生素均没有抗性[127]。对 USTB-05 进行 16S rDNA 菌属鉴定，最终确定为鞘氨醇单胞菌属（*Sphingopyxis* sp.）[127, 128]。通过 BLAST 搜索，USTB-05 菌与 ACM-3962 菌具有很高的同源性（图 1-8），推测 USTB-05 菌有类似于 ACM-3962 菌的 *mlr* 降解基因簇。

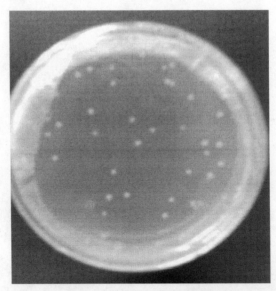

图 1-7　USTB-05 菌菌落形态

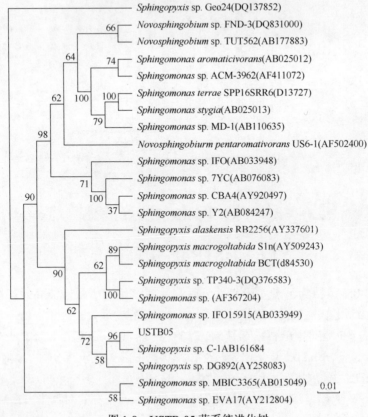

图 1-8　USTB-05 菌系统进化树

第 2 章　研究的技术路线、研究方法与实验条件

2.1　研究思路及技术路线

本书在国内外微生物降解 MCs 研究的基础上，选择具有代表性的 MC-LR 为研究对象，在细胞水平和酶水平上，特别是通过重组酶依次催化降解 MC-LR 及其产物，深入研究 MC-LR 的降解途径和分子机理，丰富和发展 MCs 生物降解理论，为构建高效降解 MCs 的基因工程菌奠定理论基础。主要的研究工作重点概括为以下几方面。

1. 菌株 USTB-05 降解 MC-LR 的特性

微生物生长条件苛刻，其降解活性受环境影响因素较多。其中环境 pH、环境温度以及环境氧等对其生长影响大。选取初始 pH、温度以及氧气初步考察对菌株降解 MC-LR 的活性影响，确定 USTB-05 菌最佳生长条件。

2. USTB-05 菌降解 MC-LR 完整基因的获取及其特性分析

通过 USTB-05 菌无细胞提取液（CE）降解 MC-LR，并通过 HPLC 对降解产物的检测，确定 USTB-05 菌中是否包含类似于 ACM-3962 菌的 *mlr* 基因簇。通过常规 PCR、反向 PCR、高保真酶 PCR 扩增、基因连接、转化和阳性克隆筛选及基因的测序与拼接，获得完整的降解基因序列。使用 Vector NTI Advance10 软件分析基因序列的开放阅读框（ORF），并与已知 *mlr* 基因簇序列进行比对分析，研究该基因序列及对应酶的特性。

3. USTB-05 菌生物降解 MC-LR 基因的克隆

利用分子生物学方法对 USTB-05 菌参与降解 MC-LR 的各段基因分别进行克隆。克隆步骤是首先根据各基因序列信息设计引物，以 USTB-05 菌的 DNA 为模板，对目的基因进行 PCR 扩增，扩增后目的基因片段与相应载体连接并转化至大肠杆菌（*E.coli*）DH5α 中，对所构建的重组菌进行阳性克隆鉴定及基因测序验证，最后对阳性克隆提取重组质粒，并将质粒转化至大肠杆菌 BL21(DE3)表达系统中。

4. 重组酶异源原核表达与活性验证

大肠杆菌 BL21（DE3）中的重组质粒需要在一定的条件下获得过量表达。挑取阳性克隆菌株，按照 1%的体积比接种到 LB 培养基培养，并以异丙基-*β-D*-硫代半乳

糖苷(IPTG)作为诱导剂对目的蛋白进行诱导表达,并采用目的蛋白电泳(SDS-PAGE)检测目的蛋白的表达量及在细胞中的存在形式。最后用所获得的蛋白酶依次催化降解 MC-LR 及其产物,以验证各重组酶的活性,并对各重组酶进行酶学性质分析。

5. USTB-05 重组蛋白酶催化降解 MC-LR 的途径及分子机理

采用 MC-LR 标准品为底物,以分离纯化得到的重组酶依次催化降解 MC-LR 及其降解产物,通过固相萃取柱分离纯化每一步酶促反应后的各降解产物。用 LC-MS 测定各降解产物的质荷比,并对各降解产物进行定性分析,以此推测 USTB-05 菌降解 MC-LR 的途径。最后结合降解基因的结构特性、降解酶的结构与功能关系以及产物的结构特性,深入研究 USTB-05 菌降解 MC-LR 的分子机理。

具体研究技术路线如图 2-1 所示。

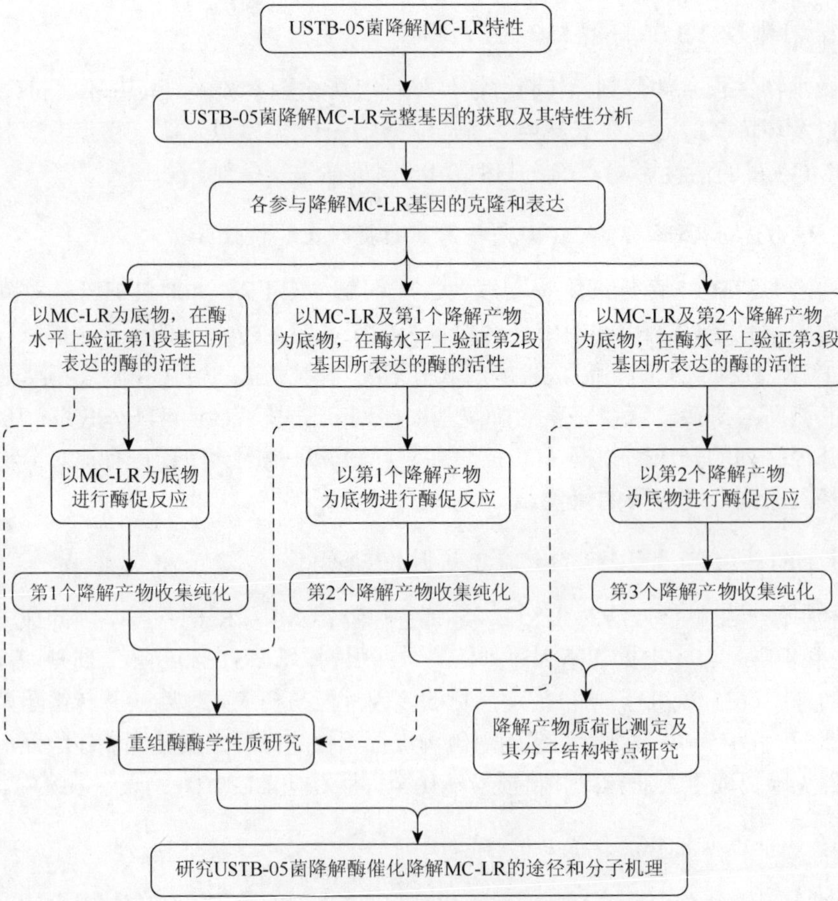

图 2-1　技术路线图

2.2　实　验　条　件

2.2.1　实验材料

（1）水：HPLC 使用的水相为超纯水，分子生物学实验使用的水为无菌双蒸水（ddH$_2$O），其他实验中的为普通去离子水。

（2）有机溶剂：HPLC 使用的乙腈为色谱级纯，其他试剂均为分析纯。

（3）工具酶：高保真聚合酶（fastPlu）购自北京全式金生物技术有限公司；T4-DNA 连接酶、限制性内切酶等均购自宝生物工程（大连）有限公司（Takara）。

（4）试剂盒：基因组 DNA 提取试剂盒、质粒小量提取试剂盒、凝胶 DNA 回收试剂盒均购自加拿大 Bio Basic 公司。

（5）引物：引物合成由北京市三博远志生物技术公司完成。

（6）其他试剂：氨苄青霉素（Ampicilin, Amp）、卡那霉素（Kanamycin, Kana）、ITPG、琼脂糖、琼脂粉、三羟基氨基甲烷（Tris 碱）购自北京拜尔迪生物技术有限公司；Goldview 凝胶染色剂购自北京赛百胜公司；dNTP 购自上海生物工程技术服务公司。文中未注明的其他试剂均为国产或进口分析纯、化学纯。实验中所用其他药品及试剂均购于北京拜尔迪生物技术有限公司。

（7）藻类样品取自云南滇池的水华蓝藻，用塑料桶直接从滇池表层水体中取漂浮于水面的水华蓝藻，倒在纱布上过滤，经晾晒干燥后，用粉碎机粉碎并过 100 目筛，分装后在–20℃冰箱中冷冻保存。

（8）菌体降解实验所用的 MC-LR 为从冻干蓝藻粉中提取提纯所得。MC-LR 标准品（分子式：C$_{49}$H$_{74}$N$_{10}$O$_{12}$，分子量：995.2）购自 Taiwan Algal Science Inc.，纯度在 95% 以上。

（9）实验所用菌种 USTB-05 为从滇池底泥中筛选的能高效降解 MC-LR 的 *Sphingopyxis* sp.USTB-05。

2.2.2　实验设备

（1）高效液相色谱系统（HPLC）：岛津 LC-10ATvp 型输液泵×2 双泵系统，岛津 SPD-M10Avp 型二极管阵列检测器，Agilent TC-C$_{18}$ 5 μm（4.6 mm×250 mm）色谱柱，P/N 7725i 型 20 μL 手动进样器，Class-VP Ver 6.3 数据分析工作站。HPLC 由日本岛津公司生产。

（2）固相萃取柱：沃特世，OASISTM HLB 吸附柱。

（3）恒温振荡培养箱：BS-IEA 2001 型，常州国华电器有限公司生产。

（4）冷冻冰箱：BCD-281-E 型，依莱克斯公司生产。

（5）冷藏冰箱：SC-329GA，青岛海尔集团生产。

（6）洁净工作台：SW-CJ-1FD 型，吴江市汇通空调净化设备厂生产。

（7）电热手提式高压蒸汽灭菌消毒器：江苏滨江医疗设备有限公司生产。

（8）高速台式离心机：1-14 型，美国 Sigma 公司生产。

（9）高速冷冻离心机：GL-20G-Ⅱ型，上海安亭科学仪器厂生产。

（10）显微镜：XSZ-HS3 型，重庆光电仪器有限公司生产。

（11）分光光度计：722S 可见光分光光度计，上海棱光技术有限公司生产。

（12）漩涡混合器：QL-901 型，其林贝尔仪器制造公司生产。

（13）电子天平：ScoutTM Pro 型，奥豪斯国际贸易（上海）有限公司生产。

（14）pH 计：PHS-3C 型，上海康仪仪器有限公司生产。

（15）−86℃低温冰箱：NU-6382E 型，NUAIR 公司生产。

（16）超声波细胞粉碎仪：JY92-2D 型，宁波新芝生物科技股份有限公司生产。

（17）PCR 仪：5331 型，Eppendorf 公司生产。

（18）电泳仪：PYY-8C 型，北京市六一仪器厂生产。

（19）凝胶成像系统：GIAS-4400 型，北京炳洋科技有限公司生产。

（20）ACQUITY^{TM} Ultra Performance LC 超高效液相色谱系统（Waters，USA）；ACQUITY UPLC BEH C_{18}色谱柱（2.1 mm×50 mm，1.7 μm）。

（21）Micromass Q-Tof micro^{TM} 串联质谱检测器（XEVO-G2QTOF），采用电喷雾电离（ESI）；Mass Lynx 4.1 工作站（Waters，USA）。

2.2.3 样品测试方法

1. HPLC 测试方法

用超纯水配制一系列不同浓度的标准品 MC-LR 溶液，在 HPLC 上定量测定，分别建立峰高和峰面积与 MC-LR 浓度之间的一元线性回归方程。实验中根据测定样品的峰高或峰面积代入建立的方程，即可计算出 MC-LR 的浓度。HPLC 分析测定中有机相为乙腈（色谱纯级），水相中含有 0.05%的三氟乙酸；流速 1.0 mL/min；紫外检测波长为 238 nm，进样量 20 μL；采用 Purospher STAR RP-18e（5 μm）分离柱。

2. LC-MS 测试方法

各降解产物检测采用 XEVO-G2QTOF 型质谱仪。BEH C_{18}色谱柱（2.1 mm×

50 mm，1.7 μm）（Waters，USA），流动相为乙腈（B）和水（A）（含 0.1%甲酸）。流动相梯度如表 2-1 所示。LC-MS 系统使用 ESI（electron spray ionization）离子源和正离子模式（positive ion mode）。测量时采用全扫描模式，扫描范围为 50~1200Da。其他条件如下所述：毛细管电压 3000 V，反溶剂温度 350℃，采样锥电压 40 V，提取锥电压 4 V，反射源温度 100℃，锥孔反吹气流量 50 L/h，脱溶剂气流量 600 L/h。Lock-Spray^{TM} 参照溶液为：亮氨酸脑啡肽，[M+H]$^{+}$556.2771，[M−H]$^{-}$554.2615。

表 2-1　UPLC 流动相梯度表

时间/min	流速/(mL/min)	A 含量/%	B 含量/%
0.0	0.4	95.0	5.0
1.0	0.4	95.0	5.0
10.0	0.4	0.0	100.0
11.0	0.4	0.0	100.0
11.0	0.4	95.0	5.0
14.0	0.4	95.0	5.0

第 3 章 菌株 USTB-05 降解 MC-LR 的特性研究

3.1 实 验 方 法

3.1.1 USTB-05 菌培养

挑取 USTB-05 单克隆菌落接种于液体培养基中，在 30℃、200 r/min 条件下培养 3 d 后，按 1%的接种量接种到新鲜培养基中。

3.1.2 MCs 的提纯

称取 50 g 藻粉（藻粉过 100 目筛），加入 500 mL 40%甲醇溶液中，混合均匀后放置于–70℃冰箱反复冻融 3 次，每次冷冻时间 5 h 以上，并超声波振荡约 1 h，使藻细胞破裂并释放出藻毒素。然后在高速冷冻离心机上离心 3 次（第 1 次：12000 r/min，20 min；第 2、3 次：12000 r/min，30 min）。上清液经 0.45 μm 滤膜过滤，再过固相萃取柱（Waters OASIS^{TM} HLB Cartridge）吸附。固相萃取流程如下：加无水甲醇→超纯水→藻毒素过滤液→35%甲醇洗涤→80%甲醇洗脱→70℃旋转蒸馏。蒸馏结晶体中加入一定量的超纯水配制成 MCs 储备液，置于冰箱中冷冻保存备用。

3.2 氧气对 USTB-05 菌降解 MC-LR 的影响

向 50 mL 锥形瓶中加入以一定量经提取与纯化的 MC-LR 作为唯一碳源和氮源的液体培养基 10 mL，121℃高温灭菌 20 min，然后在洁净工作台中接入 0.1 mL 驯化好的 USTB-05 培养物。培养条件：30℃，200 r/min。通过封口膜带孔和不带孔控制溶解氧状态。每隔 8 h 取样 0.5 mL。样品经高速离心（12000 r/min，5 min），上清液用 0.45 μm 滤膜过滤，并采用 HPLC 分析样品中MC-LR 的含量。

从图 3-1 可以看出，MC-LR 的初始浓度在 15 mg/L 左右。但经过 16 h 的培养后，无氧组中 MC-LR 浓度降低到 12 mg/L，且后面基本保持不变，而有氧组中检测不到 MC-LR 的存在。之所以出现这种现象，据推测是因为在用胶膜封闭瓶口之前，三角瓶中就已经有部分氧气存在，这些氧气能够维持 USTB-05 菌一段时间的降解活性，因此部分 MC-LR 得到降解。而有氧组中因氧气始终存在，使 USTB-05 菌始终保持 MC-LR 降解活性，在 16 h 前就完全降解 MC-LR。由此可以确定 USTB-05 菌在有氧条件下生物降解 MC-LR 的能力更强，这一点与有关报道一致[129]。

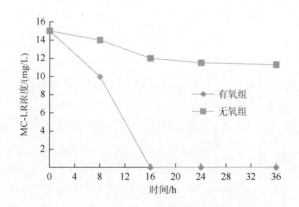

图 3-1　氧气对 USTB-05 菌降解 MC-LR 的影响

3.3　温度对 USTB-05 菌降解 MC-LR 的影响

向 50 mL 锥形瓶中加入以一定量经提取与纯化的 MC-LR 作为唯一碳源和氮源的液体培养基 10 mL，121℃高温灭菌 20 min，然后在洁净工作台中接入 0.1 mL 驯化好的 USTB-05 培养物。分别在 25℃、30℃、37℃下摇床培养，摇床转速均为 200 r/min。在 0 h、4 h、12 h、24 h、48 h 各取 0.5 mL 菌液。样品经高速离心（12000 r/min，5 min），上清液用 0.45 μm 滤膜过滤，采用 HPLC 分析样品中 MC-LR 的含量。在培养的最后阶段取 1 mL 菌液测定菌体浓度 $OD_{680\,nm}$。

温度不但支配着酶的催化反应过程，也影响着微生物的生长速度，故温度对控制污染物的降解转化起着关键作用。不同温度对 USTB-05 菌降解 MC-LR 的影响如图 3-2 所示。由图可知，在 30℃条件下，USTB-05 菌对 MC-LR 的降解速度最快，能在 12 h 内把初始浓度为 15.38 mg/L 的 MC-LR 全部降解；在 25℃条件下次之；而在 37℃条件下，USTB-05 菌降解 MC-LR 很缓慢，尤其是在最初 10 h 内基本上无降解。由于细菌接种到新培养基中后，一定的温度有利于细菌细胞的增长和酶的合成，温度过高或过低都会一定程度上抑制细菌的生长和酶的合成。因此，可以确定 USTB-05 菌对 MC-LR 降解的最佳优化温度是 30℃。

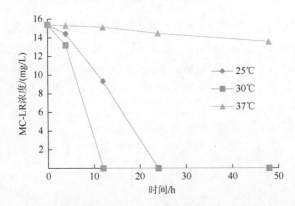

图 3-2　温度对 USTB-05 菌降解 MC-LR 的影响

3.4　初始 pH 对 USTB-05 菌降解 MC-LR 的影响

　　向 50 mL 锥形瓶中加入以一定量经提取与纯化的 MC-LR 作为唯一碳源和氮源的液体培养基 10 mL。用 NaOH 和 HCl 调节培养基的初始 pH 为 5.0、7.0、9.0，121℃高温灭菌 20 min，然后在洁净工作台中接入 0.1 mL 已驯化好的 USTB-05 菌，在 30℃、200 r/min 条件下振荡培养。培养 0 h、4 h、12 h、24 h、48 h 后从系统中各取 0.5 mL 菌液。样品经高速离心（12000 r/min，5 min），上清液用 0.45 μm 滤膜过滤，采用 HPLC 分析样品中 MC-LR 的含量。在培养的最后阶段取 1 mL 菌液测定菌体浓度 $OD_{680\ nm}$ 值。

　　环境的 pH 对微生物的生长也有很大的影响，首先影响膜表面电荷的性质及膜的通透性，进而影响对物质的吸收能力；其次改变酶活、酶促反应的速率及代谢途径；最后影响培养基中营养物质的离子化进程，从而影响营养物质的吸收。

　　从图 3-3 中可以看出，在初始 pH 7.0 和初始 pH 9.0 条件下，USTB-05 菌都能

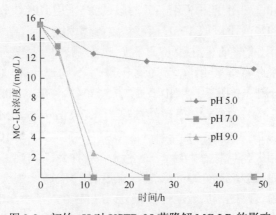

图 3-3　初始 pH 对 USTB-05 菌降解 MC-LR 的影响

很快降解 MC-LR，而在初始 pH 5.0 的酸性条件下，MC-LR 降解缓慢。且在初始 pH 7.0 的条件下，MC-LR 的降解速率高于在初始 pH 9.0 条件下的速率，故在中性条件下最有利于 USTB-05 菌降解 MC-LR。

3.5　不同条件下 USTB-05 菌的生长情况

对于不同温度和 pH 条件下培养的菌液，在培养最后阶段取 1 mL 菌液测定菌体浓度，不同的菌体浓度反映了 USTB-05 菌在不同培养条件下的生长情况。图 3-4 是在不同温度和初始 pH 下培养 USTB-05 菌的生长情况。从图中可以看出，在初始 pH 5.0 和 37℃ 的条件下 USTB-05 菌生长得很不好，菌体浓度 $OD_{680\,nm}$ 均小于 0.1，而在这两种情况下的 MC-LR 降解速率也很缓慢。在 25℃、30℃、初始 pH 7.0 和初始 pH 9.0 这四种条件下 USTB-05 菌的生长良好，菌浓度 $OD_{680\,nm}$ 都在 0.6 左右。由此可以看出 37℃ 已经超出了 USTB-05 的耐受温度，而且 USTB-05 耐碱性较强，耐酸性较弱。在 30℃、初始 pH 7.0 的情况下 USTB-05 菌的生长情况最好，菌浓度 $OD_{680\,nm}$ 达到 0.65，此时 USTB-05 降解 MC-LR 的速率也是最快的。因此可以确定 USTB-05 降解 MC-LR 的最佳条件是温度 30℃、初始 pH 7.0。

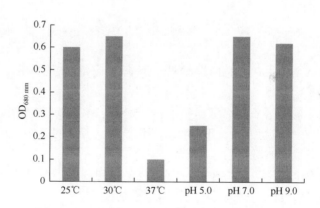

图 3-4　不同培养条件下 USTB-05 菌的生长情况

3.6　USTB-05 菌对 MC-LR 的降解动力学

将 USTB-05 菌按 $OD_{680\,nm}=0.01$ 接种于 200 mL 含 50 mL PBS 的锥形瓶中，其中含有一定浓度提取提纯的 MC-LR。在 0 h、4 h、12 h、24 h、48 h 从反应系统中各取 2 mL 菌液，其中 1 mL 样品经高速离心（12000 r/min，10 min）后取上清液直接在 HPLC 上分析测定，另 1 mL 样品用于测定菌体 $OD_{680\,nm}$ 值。

从图 3-5 中可以看出，在 12 h 内 USTB-05 菌在最适条件下迅速增长，但从第 12 h 到第 48 h 其生长的速率明显减缓，此时说明 MC-LR 基本被降解完全。USTB-05 菌对 MC-LR 具有很强的降解能力，在 12 h 前初始浓度为 15.38 mg/L 的 MC-LR 已基本全部降解，日均降解 MC-LR 的速率高达 15.38 mg/L 以上，明显高于国外所报道的鞘氨醇单胞菌日均降解 MC-LR 的能力[92, 99]。

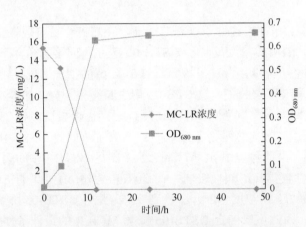

图 3-5　USTB-05 菌体降解 MC-LR 的动力学过程

3.7　本章小结

在前期研究基础上，对纯菌株 USTB-05 降解 MC-LR 的特性进行了研究，取得以下主要结果：

（1）通过不同溶解氧、温度和初始 pH 条件下 MC-LR 的降解速率进行比较，发现 USTB-05 在有氧状态、温度 30℃、初始 pH 为 7.0 的条件下对 MC-LR 的降解能力最强。

（2）在最佳条件下，USTB-05 菌在 12 h 内可将初始浓度为 15.38 mg/L 的 MC-LR 完全降解，此时其 $OD_{680\,nm}$ 达到 0.65 左右。

第4章 菌株 USTB-05 降解 MC-LR 的基因特性研究

4.1 实验方法

4.1.1 USTB-05 菌无细胞提取液的制备

细菌无细胞提取液制备方法如下：

（1）将 USTB-05 菌按 1%比例接种到 USTB-05 菌培养基中，30℃、200 r/min 培养 3 d。

（2）12000 r/min 离心菌液 20 min，弃去上清液，沉淀用 PBS 缓冲液洗涤 3 次，最后用适量 PBS 缓冲液重悬菌体。

（3）将装有菌液的离心管置于冰中超声破碎，超声条件为：超声 3 s，停 5 s，重复操作 8 min，然后暂停。如此操作 3 次。分 3 次进行是防止超声破碎时产热使菌液温度过高而使蛋白质变性。

（4）将破碎后的细胞在 12000 r/min、4℃下离心 20 min。离心后上清液即细胞抽提物（cell extraction，CE），其中含有细菌全部可溶性蛋白。蛋白酶浓度测定采用 Bradford 法[130]。

图 4-1 为蛋白酶浓度与吸光度的线性关系图。

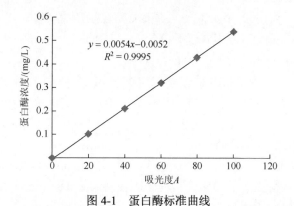

图 4-1　蛋白酶标准曲线

4.1.2 USTB-05 菌基因组提取

参照 Bio Basic Inc.基因组 DNA 提取试剂盒的使用说明提取 USTB-05 基因组 DNA。

（1）取 1 mL USTB-05 菌液，1000 r/min 离心 30 s，倒掉上清液。

（2）加入 180 μL 的裂解液（digestion solution），振荡混匀。加入 20 μL 的蛋白酶 K，56℃孵育 60 min。

（3）加入 200 μL BD 缓冲液，充分混匀，然后 70℃孵育 10 min。

（4）加入 200 μL 无水乙醇，混匀。溶液加入吸附柱中，放置 2 min。吸附柱放入收集管中，12000 r/min 离心 3 min。

（5）倒掉收集管中液体。吸附柱加入 500 μL 洗涤液（wash solution），10000 r/min 离心 1 min。

（6）重复步骤（4）。

（7）弃去收集管中液体。10000 r/min 离心 2 min 以除去剩余的洗涤液。

（8）吸附柱放入一个干净的 1.5 mL 离心管中，向吸附膜的中间部位悬空滴加 30～50 μL 经洗脱液（elution buffer）。吸附柱在 37～50℃下保温 2 min 以提高产量。

（9）10000 r/min 离心 2 min，离心管中洗脱液即为产物。

将基因组 DNA 放置在–20℃冰箱中保存。

4.1.3　质粒的提取

参照 Bio Basic 公司质粒提取试剂盒说明书所述步骤进行：

（1）加入 1.5 mL 过夜培养物到 1.5 mL 离心管中，12000 r/min 下离心 2 min。倒掉上清液。注意：不要加入过量的菌液。

（2）向菌体中加入 250 μL 溶液Ⅰ，轻轻混匀，室温下放置 2 min。

（3）加入 250 μL 溶液Ⅱ，上下轻柔颠倒离心管 4～6 次使溶液充分混匀，室温下放置 1 min。为防止基因组 DNA 断裂，不要剧烈摇晃。

（4）加入 350 μL 溶液Ⅲ，轻柔混匀。室温下放置 5 min。

（5）在 12000 r/min 下离心 10 min。

（6）转移上清液到 EZ-10 柱中，在 8000 r/min 下离心 2 min。

（7）倒掉收集管中溶液。向柱子中加入 500 μL 洗涤液，10000 r/min 下离心 1 min。

（8）重复（7）洗涤步骤。

（9）倒掉收集管中溶液。10000 r/min 下再离心 2 min 以去除残留的洗涤液。

注意：为了获得更多的 DNA，把柱子放在室温下 10 min，或者 50℃加热 5 min 以彻底蒸发残留的乙醇。

（10）将柱子转移到干净的 1.5 mL 离心管中。在柱子的中央加入 50 μL 洗脱液，室温下放置 2 min。10000 r/min 下离心 2 min。注意：为了获得更多的 DNA，可以把超纯水或洗脱液预热至 60℃，然后加入柱子中。

（11）−20℃储存提纯的 DNA。

4.1.4 DNA 凝胶电泳

实验采用琼脂糖凝胶电泳法检测 DNA 样品，琼脂糖凝胶配制及电泳方法如下：

（1）50×TAE 溶液的配制：Tris 碱 60.5 g，冰醋酸 14.3 mL，0.5 mol/L EDTA（pH=8）25.0 mL，加水补足至 1.0 L。

（2）1%琼脂糖凝胶的配制：琼脂糖粉 1.0 g，1×TAE 液 100.0 mL，微波炉加热使琼脂糖融化，加入 5 μL Goldview，混匀。

（3）琼脂糖凝胶电泳：取 DNA 样品，与加载缓冲液（loading buffer）混匀后上样于 1%琼脂糖凝胶中，同时在相邻的泳道中加入合适的 DNA Marker（标准）。100 V 电泳 45 min 后，在凝胶成像系统中观察对应的条带，通过与 DNA Marker 条带的亮度和位置的比对，初步判断样品 DNA 的浓度和大小。

4.1.5 目的片段回收

参照加拿大 Bio Basic 公司柱式凝胶回收试剂盒使用说明书所述步骤进行：

（1）在紫外灯下，用干净的手术刀将目的 DNA 片段的凝胶切割出来，称其质量，并放入干净的 1.5 mL 离心管中。注意：切下来的凝胶片越小越好，但要保证目的条带全在里面。

（2）对于 1%的琼脂糖凝胶，每 100 mg 凝胶加入 300 μL 的构建缓冲液（building buffer）Ⅱ。50～60℃水浴放置 10 min，每隔几分钟晃动离心管以使凝胶充分溶解。

（3）将溶液转入吸附柱中，室温放置 2 min。将吸附柱放入收集管中，10000 r/min 离心 1 min，倒掉收集管中废液。

（4）向吸附柱中加入 500 μL 洗涤液，10000 r/min 离心 1 min，倒掉收集管中废液。

（5）重复步骤（4）。

（6）将吸附柱重新放回收集管中，10000 r/min 离心 30 s 以除去残余的洗涤液。

（7）将吸附柱转入一个干净的离心管中，向吸附膜的中间部位悬空滴加 30～40 μL 洗脱液，50℃保温 2 min。10000 r/min 离心 1 min，离心管中洗脱液即为产物。

（8）将获得的 DNA 放置在−20℃冰箱中保存。

4.1.6 目的基因与 pGEM-T easy 载体连接

PCR 反应中使用的聚合酶为 Taq 酶，此酶的特点是在每条扩增 DNA 的尾端都多加了一个 A。T 载体是末端待用一个 T 的载体，因此可与末端加 A 的扩增片段高效连接。回收的目的片段与载体 pGEM-T easy 载体（图 4-2）连接，连接体系如表 4-1 所示（反应条件：4℃连接 12 h）。

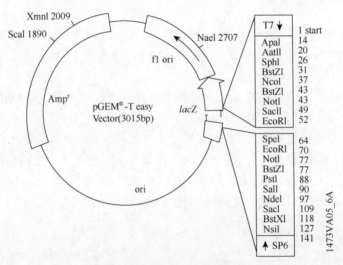

图 4-2　pGEM-T easy 载体图谱

表 4-1　目的基因与载体连接体系

目的片段	2×Buffer	T easy 载体	T4 DNA 连接酶	总体系
3 μL	5 μL	1 μL	1 μL	10 μL

4.1.7　连接产物转化至感受态细胞

以下操作均按无菌条件的标准进行。

（1）从−70℃冰箱中取出大肠杆菌 DH5α/BL21(DE3)感受态细胞，冰浴融化 4 min。

（2）向感受态细胞悬浮液中加入目的 DNA（100 μL 的感受态细胞能够被 0.1ng 超螺旋质粒 DNA 所饱和），轻轻旋转离心管以混匀内容物，在冰浴中静置 30 min。

（3）将离心管置于 42℃水浴中放置 60～90 s，然后快速将管转移到冰浴中，使细胞冷却 2～3 min，该过程不要摇动离心管。

（4）加入 900 μL 已灭菌的 LB 液体培养基（不含抗生素），200 r/min、37℃振荡培养 45 min，使得质粒的抗性基因复苏表达。

（5）向每个离心管中加入 900 μL 无菌的 LB 培养基（不含抗生素），混匀后置于 37℃摇床振荡培养 45 min（150 r/min），目的是使质粒上相关的抗性标记基因表达，使菌体复苏。

（6）将离心管内容物混匀，吸取 100 μL 已转化的感受态细胞加到含相应抗生素的 LB 固体培养基上，用无菌的弯头玻璃轻轻地将细胞均匀涂开。将平板置于室温直至液体被吸收，倒置平板，37℃培养 12～16 h。

（7）从上述转化的平板中，用接种针随机挑取阳性克隆菌落，接种于 10 mL 含有 100 mg/L Amp 的 LB 液体培养基中，200 r/min、37℃振荡培养 18 h 左右。

4.1.8　测序

选取阳性克隆鉴定正确的菌液进行测序，测序工作由北京市三博远志生物技术有限公司完成。

4.2　USTB-05 菌无细胞提取液降解 MC-LR 特性

向含有一定 MC-LR 浓度的 50 mmol/L 磷酸盐缓冲体系中，加入一定量的 CE 进行降解反应。CE 的终浓度在反应体系中分别为 120 mg/L、240 mg/L 和 350 mg/L。反应在 30℃、200 r/min 条件下进行。在 0 h、0.5 h、1 h、2 h、8 h、16 h、24 h 各取 0.2 mL 样品。样品经高速离心（12000 r/min，10 min）后取上清液直接在 HPLC 上分析测定。

图 4-3 显示了不同浓度的 USTB-05 蛋白（CE）降解 MC-LR 的动力学过程。从图中可以看出，CE 具有高效催化降解 MC-LR 的能力，并且 CE 浓度越高，催化降解的能力越大。当 CE 浓度为 350 mg/L 时，初始浓度为 11.63 mg/L 的 MC-LR 在 2 h 内几乎完全被降解，说明 USTB-05 菌细胞内存在着高效降解 MC-LR 的酶，这类酶能够以 MC-LR 为底物进行催化降解，能使稳定性非常强的 MC-LR 被破坏。

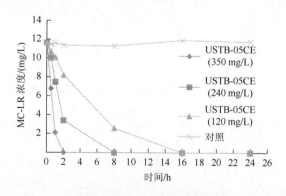

图 4-3　不同浓度 USTB-05 蛋白酶降解 MC-LR

图 4-4 是 USTB-05 菌酶催化降解 MC-LR 的 HPLC 图谱。从图中可以看出，MC-LR 峰值的保留时间约在 8.4 min［图 4-4（a）］，而且峰值较大。但随着催化降解时间的推移，MC-LR 的峰值逐渐降低。与此同时，保留时间约在 4.4 min、6.4 min 和 8.9 min 时相继出现 1 个峰（产物 A、产物 B 和产物 C）［图 4-4（b）～（d）］。但反应 2 h 后，产物 A 和产物 B 峰值也逐渐消失，而产物 C 峰值达到最大值且保持不变［图 4-4（e）］。这说明 MC-LR 在被 CE 催化降解过程中，相继产生了 2 个中间产物和 1 个最终产物。

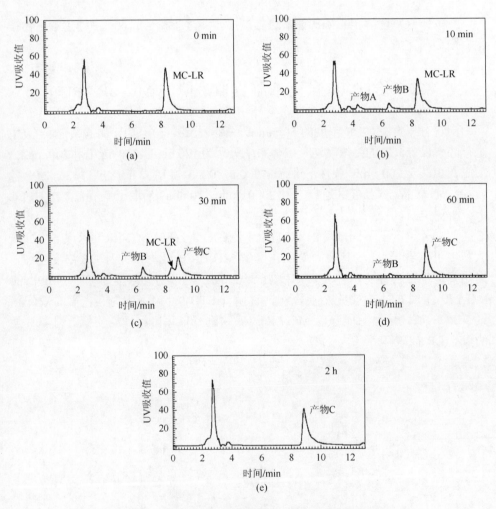

图 4-4　USTB-05 菌酶催化降解 MC-LR 的 HPLC 图谱

MC-LR 及其部分降解产物之所以能被 HPLC 检测到，是因为在 MC-LR 中含有 Adda 发色基团及其共轭双键结构。如果该基团被去除或者共轭双键被破坏，那么对应的产物就不能被 HPLC 检测到。从图 4-5 中可以看出，MC-LR、产物 A、产物 B 和产物 C 的扫描图谱在 230～240 nm 范围内均有最大吸收波长（λ_{max}），而且四者的相似系数（similarity index，SI）均达到 0.98 以上，相似度非常高，推测产物 A、产物 B 和产物 C 的 Adda 基团和共轭双键结构仍然保持完整[131]。催化反应过程中

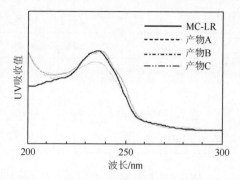

图 4-5　MC-LR 及其降解产物紫外吸收图谱

相继出现了 3 个产物峰，也说明 USTB-05 菌中至少有 3 种酶参与了 MC-LR 的催化降解。故推测 USTB-05 菌株中可能存在类似于 ACM-3962[123]菌降解基因的 *mlr* 基因簇，这为进一步探索研究鞘氨醇单胞菌 USTB-05 降解 MC-LR 的途径与分子机理奠定了重要的基础。

4.3　降解基因序列初步探索

通过 16S rDNA 序列分析比对发现 USTB-05 菌与鞘氨醇单胞菌 ACM-3962 有较高的同源性（图 1-8），且鞘氨醇单胞菌 ACM-3962 降解 MC-LR 的 4 段基因 *mlrA*、*mlrB*、*mlrC*、*mlrD* 序列已知，推断 USTB-05 菌也含有类似 4 段基因。在以上假设的基础上，根据 *mlrA* 基因的序列设计引物 M1、M2，以 USTB-05 的基因组 DNA 为模板，用 Taq plus DNA 聚合酶 PCR 扩增 USTB-05 的对应序列，命名为 M 片段，如图 4-6 所示。

图 4-6　M1、M2 引物设计

M1、M2 引物设计如下：
上游引物 M1：5′-GACCCGATGTTCAAGATAC-3′；
下游引物 M2：5′-CTCCTCCCACAAATCAGG-3′。
PCR 扩增反应体系见表 4-2，模板为提取的 USTB-05 基因组 DNA。

表 4-2　M 片段 PCR 扩增反应体系

模板	上游引物	下游引物	缓冲液	DNTP	Taq 酶	ddH₂O	总体系
1 μL	1 μL	1 μL	5 μL	1 μL	0.5 μL	39.5 μL	50 μL

混匀后，进行 PCR 反应，反应条件如下：①94℃预变性，5 min；②94℃变性，1 min；③50℃退火，1 min；④72℃，3 min；⑤重复②～④，30 次；⑥72℃，10 min；⑦4℃保存。

PCR 产物使用琼脂糖凝胶电泳分析。

图 4-7 为 M 片段扩增电泳图，其中 M 道为 DNA Marker DL2000，第 1 道为扩增的 M 片段。从图中可以看出，以 USTB-05 菌基因组 DNA 为模板，M1、M2 为上下游引物，成功扩增出一条长度为 800 bp 左右的的 DNA 片段。将该 M 片段回收、转化、测序、测序结果分析并去除载体序列影响，得到一个 809 bp 的序列。

图 4-8 为 M 片段酶切产物电泳图。其中第 1、2 泳道分别为 DNA Marker 3 和 DL2000，第 5 道为提取的转化质粒，第 6 道为酶切产物。从图中可以看出，连接转化后的质粒被切成 2 条条带，其中一条为目的基因（约 900 bp），另一条为载体条带（约 3 kb），条带清晰，亮度较高，与预想的结果一致，可以认定为克隆成功。

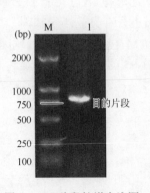

图 4-7　M 片段扩增电泳图

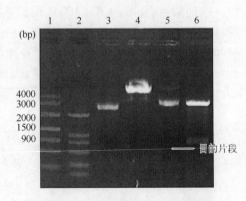

图 4-8　M 片段酶切产物电泳图

将 M 片段序列与 *mlrA* 基因的序列比对，发现 M 片段与 *mlrA* 基因的相似程度达 93%，初步证实 USTB-05 降解 MC-LR 的基因可能与 ACM-3962 的基因具有很高的同源性，进一步推测 USTB-05 很可能也含有类似于 *mlrA*、*mlrB*、*mlrC* 和 *mlrD* 这 4 段降解基因。M 片段的成功扩增，为下一步的探索性研究奠定了基础。

4.4　降解基因序列反向 PCR 扩增

M 片段经过测序后成为已知序列，可以采用反向 PCR 的方法，由已知序列获取未知序列，其原理如图 4-9 所示。

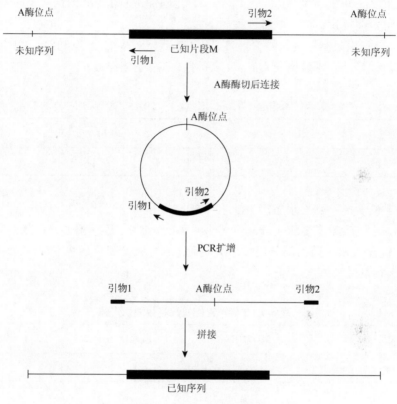

图 4-9　反向 PCR 原理图

1. 反向 PCR 引物设计

根据 M 片段的测序结果，设计反向 PCR 引物，命名为 MA11、MA22，引物设计如图 4-10 所示。

图 4-10　反向 PCR 引物设计

MA11：5′-CATTATCTTGAACATCGGGTC-3′；
MA22：5′-GTCCTGATTTGTGGGAGGAG-3′。

2. 反向 PCR 模板制备

由反向 PCR 的原理，需要得到一个同时包含未知序列和已知序列的环状 DNA 片段作为反向 PCR 扩增的模板。本节选择 BamH I 和 Hind III 这两个限制性内切酶进行探索性实验。模板制备过程如下：

（1）分别用限制性内切酶 BamH I 和 Hind III 对浓缩的 USTB-05 基因组 DNA 进行酶切，其反应体系见表 4-3（反应条件：37℃水浴，5 h）。

表 4-3　BamH I /Hind III消化 USTB-05 基因组 DNA

基因组 DNA	10×缓冲液	ddH$_2$O	BamH I /Hind III	总体系
30 μL	10 μL	58 μL	2 μL	100 μL

（2）酶失活：65℃水浴，失活 15 min。

（3）T4 DNA 连接酶（ligase）连接：用 T4 DNA 连接酶切产物的黏性末端，使产生包含未知序列和部分已知序列的环状 DNA，其反应体系见表 4-4（反应条件：4℃，过夜）。

表 4-4　T4 DNA 连接酶连接酶切产物

酶切产物	10×缓冲液	T4 DNA 连接酶	总体系
8 μL	1 μL	1 μL	10 μL

3. 反向 PCR 扩增

将以上得到的 2 种产物作为模板分别建立反向 PCR 反应体系，如表 4-5 所示。

表 4-5　反向 PCR 反应体系

模板	上游引物	下游引物	10×缓冲液	DNTP	Taq 酶	ddH$_2$O	总体系
1 μL	1 μL	1 μL	5 μL	1 μL	0.5 μL	39.5 μL	50 μL

PCR 反应条件为：①94℃预变性，5 min；②94℃变性，1 min；③50℃

退火，1 min；④72℃，5 min；⑤重复②～④，30 次；⑥72℃，10 min；⑦4℃保存。

　　反向 PCR 产物与加载缓冲液混匀后上样于 1%琼脂糖凝胶中电泳，在凝胶成像系统中检测目的条带。

　　反向 PCR 目的片段的纯化、连接、转化、阳性克隆的鉴定以及测序的方法同4.1.3～4.1.8 节所示。

4. 基因序列的拼接与分析

　　测序结果用 Vector NTI Advance 10 软件进行拼接并去除载体，与ACM-3962 的 *mlr* 基因簇序列进行比对分析，读取对应的开放阅读框（ORF）信息。

5. 反向 PCR 扩增结果

　　分别用 Hind Ⅲ和 BamH Ⅰ酶切 USTB-05 基因组 DNA 片段，再连接黏性末端，将得到的环状 DNA 作为 PCR 模板，以 MA11、MA22 为上下游引物PCR 扩增。如图 4-11 所示，以 Hind Ⅲ酶切基因组 DNA（第 4、5 道）后连接得到的模板扩增出一条 4 kb 左右片段，电泳条带清晰，而以 BamH Ⅰ酶切基因组 DNA（第 2、3 道）得到的模板扩增没有条带。这可能是因为 M 片段附近没有 BamHⅠ的酶切位点，但仅有两个 Hind Ⅲ的位点，两个位点相距5 kb 左右。

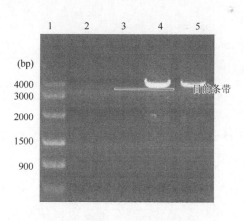

图 4-11　反向 PCR 产物电泳图

6. 序列分析拼接

　　结合反向 PCR 产物测序结果和 M 片段的序列，使用 DNAstar 软件分析并拼接序列。图 4-12 显示了反向 PCR 序列的拼接复原过程，最终拼接到一条 5 kb 左右的基因序列。该基因序列与 ACM-3962 的降解基因（*mlrA*、*mlrB*、*mlrC*、*mlrD*）序列均有很高的同源性，但蛋白编码阅读框尚不能正确读出。这可能是因为扩增所使用的 Taq 聚合酶有 1%左右的出错率，需要使用高保真酶（pfu）PCR 进一步扩增 USTB-05 降解 MCs 的完整基因。

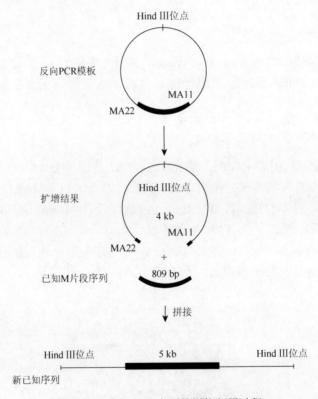

图 4-12　反向 PCR 序列的拼接复原过程

4.5　USTB-05 菌降解 MC-LR 完整基因序列信息

由于 Taq DNA 聚合酶扩增时存在 1%的错误率，为了获得降解基因准确、完整的序列，使用高保真酶 PCR 扩增降解基因簇。根据上述反向 PCR 得到的结果，结合鞘氨醇单胞菌 ACM-3962 的 4 段降解基因（*mlrA*、*mlrB*、*mlrC*、*mlrD*），设计 5 对引物，以 USTB-05 的基因组 DNA 为模板，用高保真酶进行 PCR 扩增反应，将分别得到 5 段长度约为 1.3 kb 的序列片段。将该 5 段序列拼接，读取开放阅读框，便得到若干段完整的基因，其原理如图 4-13 所示。

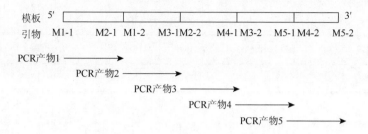

图 4-13　高保真酶 PCR 获取 USTB-05 降解基因原理

实验过程如下：

（1）高保真酶 PCR 扩增引物设计。根据反向 PCR 得到的结果，结合鞘氨醇单胞菌 ACM-3962 的相关序列，设计如下 5 对引物：

M1-1：5′-GGTCG ACCTG CAGGC GGCCG-3′；

M1-2：5′-AACCT GTGCC TTCGC CATGC-3′；

M2-1：5′-GACAA GTGAG CGTGA AGATC-3′；

M2-2：5′-GAAGA CAGCG ATGAT GGTGC-3′；

M3-1：5′-TGATC CTCGG CCTCA TGTGG-3′；

M3-2：5′-ATGAT GCAGC TACCA ATGGC-3′；

M4-1：5′-CAATT GTCAT TGGCA ATGGC-3′；

M4-2：5′-GTCAG CTACA ATATG AGAGC-3′；

M5-1：5′-TGAAC GACAC GCTCG ATTCC-3′；

M5-2：5′-CGGCC GCCAT GGCGG CCGGG-3′。

（2）高保真酶 PCR 扩增与测序。使用设计的 5 对引物分别进行 PCR 反应，反应体系见表 4-6。

表 4-6　高保真酶 PCR 反应体系

模板	上游引物	下游引物	10×缓冲液	DNTP	高保真酶	ddH$_2$O	总体系
1 μL	1 μL	1 μL	5 μL	1 μL	0.5 μL	39.5 μL	50 μL

PCR 反应条件为：①94℃预变性，5 min；②94℃变性，1 min；③50℃退火，1 min；④72℃，5 min；⑤重复②～④，30 次；⑥72℃，10 min；⑦4℃保存。

从高保真酶 PCR 反应液中回收 PCR 产物。因为高保真酶合成的 PCR 产物末端没有 A 碱基，不能和 T easy 载体连接，因此需要对回收液进行末端加 A 反应，反应体系如表 4-7 所示（反应条件：72℃，25 min）。

表 4-7　PCR 末端加 A 反应

目的片段	10×缓冲液	DNIP	Taq 酶	ddH₂O	总体系
40 μL	5 μL	1 μL	0.5 μL	3.5 μL	50 μL

将反应液进行凝胶电泳（100 V，45 min），并从凝胶中回收 DNA 片段，得二次回收液；二次回收液片段的连接、转化、阳性克隆的鉴定以及测序的方法同前所述。

（3）USTB-05 菌降解 MC-LR 基因开放阅读框的读取。

用 Vector NTI Advance 10 软件，对上述的 5 个测序结果进行拼接，使其拼接成一条完整的已知序列。通过对该完整基因序列开放阅读框的阅读，将得到若干段 MC-LR 降解基因。将此若干段基因序列与 ACM-3962 等菌的降解基因序列进行比对分析，获取 USTB-05 菌降解基因的特性。

实验结果如下：

（1）高保真酶 PCR。由反向 PCR 的结果获得 USTB-05 降解 MC-LR 的完整基因。为了避免 Taq 聚合酶合成时出错率较高的问题，使用高保真酶扩增 USTB-05 的全部降解基因。但高保真酶合成效率较低，一般只能合成 2 kb 以内的片段，故设计 5 对引物扩增此基因序列。

以 USTB-05 基因组 DNA 为模板，使用 5 对引物成功地扩增出 5 条片段，如图 4-14 所示（电泳 Marker 为 DL2000）。

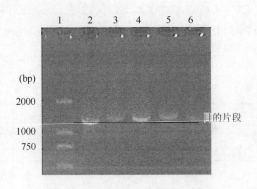

图 4-14　高保真酶 PCR 电泳图

将该 5 条片段回收，分别连接到 T easy 载体上，转化至大肠杆菌 DH5α 感受态细胞，涂布在含有 Amp 的 LB 平板上，37℃培养 16 h 左右后挑选白斑菌落，提取质粒酶切验证阳性克隆后，用通用引物 T7-SP6 测序。

（2）序列拼接。将测序结果拼接，得到一条长度为 5574 bp 的基因序列，该段序列包含全部降解 MC-LR 的基因。该完整基因序列如附录 A 所示。

（3）获取开放阅读框。结合 ACM-3962 降解 MC-LR 的基因序列及 *Sphingomonas* sp. C-1 降解基因序列，使用 Vector NTI Advance 10 软件读取拼接得到的全长完整基因序列中的开放阅读框，得到 4 段基因：*USTB-05-A*、*USTB-05-B*、*USTB-05-C*、*USTB-05-D*。USTB-05 降解 MC-LR 基因的详细信息如图 4-15 所示。从图中可以看出，基因 *USTB-05-A* 和 *USTB-05-D* 正向编译，且 *USTB-05-D* 在 *USTB-05-A* 的下游；而基因 *USTB-05-B* 和 *USTB-05-C* 反向编译，且基因 *USTB-05-B* 和基因 *USTB-05-D* 有一段编译重叠区。将 *USTB-05-A*、*USTB-05-B* 和 *USTB-05-C* 基因序列提交至基因数据库（Gene Bank），登录号分别为 HM245411、KC513423 和 KC573527。

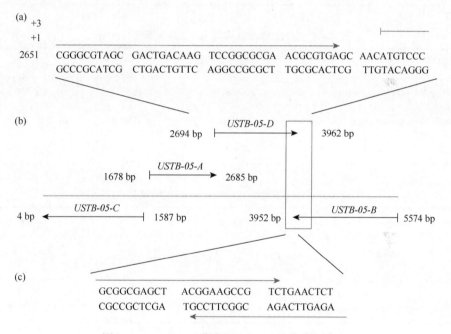

图 4-15　USTB-05 菌降解 MC-LR 基因序列信息

（a）USTB-05 菌完整降解基因； （b）各段基因编码方向及长度信息； （c）*USTB-05-B* 基因与 *USTB-05-D* 基因编码重叠区放大

4.6　降解基因序列分析

由于 *mlrD* 基因为转运子基因，推测 *USTB-05-D* 基因具有相同的功能。故只将 *USTB-05-A*、*USTB-05-B* 和 *USTB-05-C* 三段基因分别通过 BLAST 与基因库中其他相似基因进行同源性比对，比对结果如表 4-8～表 4-10 所示。

表 4-8　**USTB-05-A** 基因与 **mlrA** 基因同源性比对

基因序列	序列号	长度/bp	相似度
mlrA（Sphingopyxis sp. C-1）	AB468058	1011	975/1009（97%）
mlrA（Sphingomonas sp. ACM-3962）	AF411068	1008	935/1009（93%）
mlrA（Novosphingobium sp. THN1）	HQ664118	1008	926/1008（92%）
mlrA（Stenotrophomonas sp. EMS）	GU224277	801	766/802（96%）
mlrA（Sphingopyxis sp. LH21）	DQ112243	732	709/732（97%）
mlrA（Sphingomonas sp. MD-1）	AB114202	806	738/804（92%）

表 4-9　**USTB-05-B** 基因与 **mlrB** 基因同源性比对

基因序列	序列号	长度/bp	相似度
mlrB（Sphingopyxis sp. C-1）	AB468059	1626	1583/1626（97%）
mlrB（Sphingomonas sp. ACM-3962）	AF411069	1206	1068/1209（88%）
mlrB（Novosphingobium sp. THN1）	HQ664118	1542	1464/1542（95%）

表 4-10　**USTB-05-C** 基因与 **mlrC** 基因同源性比对

基因序列	序列号	长度/bp	相似度
mlrC（Sphingopyxis sp. C-1）	AB468060	1587	1574/1587（99%）
mlrC（Sphingomonas sp. ACM-3962）	AF411070	1521	1390/1521（91%）
mlrC（Novosphingobium sp. THN1）	HQ664118	1583	1449/1583（92%）

　　基因比对结果显示，基因 *USTB-05-A*、*USTB-05-B*、*USTB-05-C* 与基因 *mlrA*、*mlrB*、*mlrC* 同源性高，推测它们具有类似的降解 MC-LR 的功能，*USTB-05-A*、*USTB-05-B* 及 *USTB-05-C* 基因实则属于 *mlr* 基因簇。

　　采用 Vector NTI Advance 10.0 分析软件分别对该 3 段基因与 *mlr* 基因簇（ACM-3962）所编码的酶进行模拟翻译，并且对所翻译的蛋白进行氨基酸全序列比对。结果发现，*USTB-05-A* 与 *mlrA* 所编译的蛋白均含有 336 个氨基酸，并且二者所翻译的蛋白相同的氨基酸序列所占比例达到 83.3%，而在第 26 位（丙氨酸）和第 27 位（亮氨酸）之间还存在一个显示该酶能进入细胞周质空间的信号肽活性位点（箭头所指）（图 4-16）。采用同样的方法，发现 *USTB-05-B* 编译的蛋白序列（USTB-05-B）有 541 个氨基酸，*mlrB* 所编译的蛋白有 402 个氨基酸，二者相同氨基酸序列所占的比例达 65.9%。通过信号肽软件 SignalP 分析，氨基酸序列 USTB-05-B 在第 21 位和第 22 位的缬氨酸和天冬氨酸之间也存在信号肽活性位点（箭头所指）（图 4-17），但在 MlrB 序列中则未发现有活性位点。*USTB-05-C* 编译的蛋白有 528 个氨基酸，*mlrC* 所翻译的蛋白有 507 个氨基酸，二者相同氨基酸序列所占的比例达 92.4%（图 4-18）。但是通过信号肽软件 SignalP 分析，两者氨基酸序列中均未发现信号肽活性位点。根据 Bourne 等[117]的分析，认为细菌表达的 MlrA 酶首先进入细胞周质空间，把环状的 MC-LR 水解成线形 MC-LR，然后通过 MlrD 酶将线形 MC-LR 运输到细胞内，再通过 MlrB 及 MlrC 酶依次把线形 MC-LR 降解成小分子多肽，其间并不需要 MlrB 及 MlrC 进入细胞周质空间。由此可知，MlrB 及 MlrC 氨基酸序列中是否有信号肽活性位点都不会影响细菌降解 MC-LR。

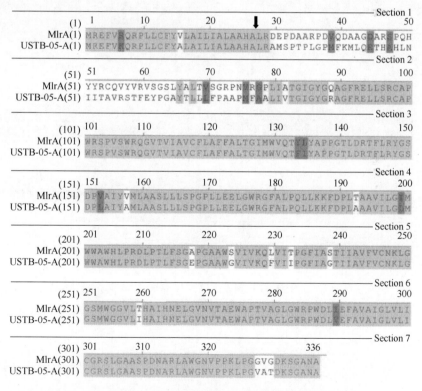

图 4-16　USTB-05-A 氨基酸序列与 MlrA 氨基酸序列比对

箭头所指为氨基酸序列信号肽活性位点

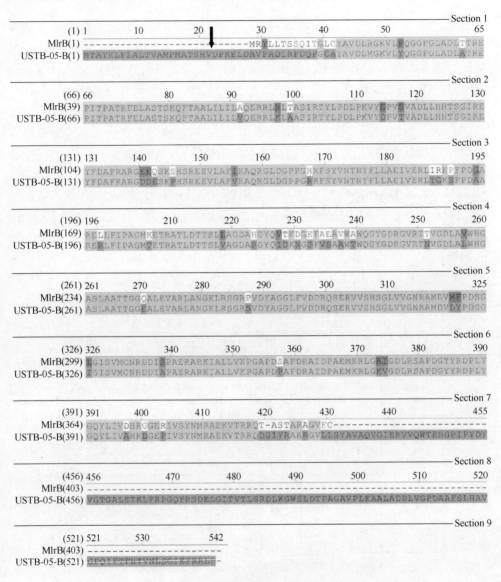

图 4-17　USTB-05-B 氨基酸序列与 MlrB 氨基酸序列比对

箭头所指为氨基酸序列信号肽活性位点

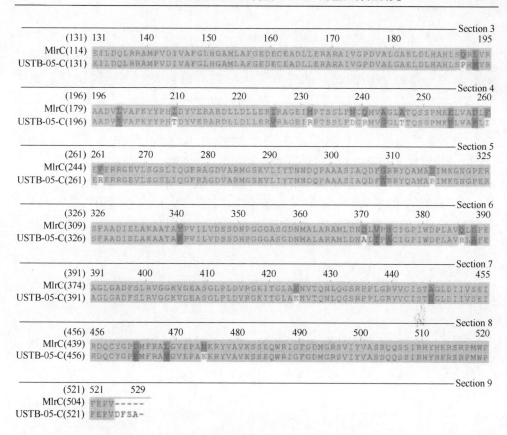

图 4-18　USTB-05-C 氨基酸序列与 MlrC 氨基酸序列比对

4.7　本章小结

在前期研究基础上，对菌株 USTB-05 降解 MC-LR 的特性进行了研究，取得以下主要结果：

（1）通过 USTB-05 菌无细胞提取液（CE）降解 MC-LR 实验，发现 CE 能快速降解 MC-LR，且蛋白浓度越高，降解速率越快，并推测至少有 3 种酶参与了 MC-LR 的催化降解过程。

（2）通过对降解基因的初步探索，以及反向 PCR 和高保真酶 PCR 获得了 USTB-05 菌降解 MC-LR 的完整基因序列。通过基因开放阅读框的阅读，获得 4 小段降解基因，分别命名为 *USTB-05-A*、*USTB-05-B*、*USTB-05-C*、*USTB-05-D*，其中 *USTB-05-A*、*USTB-05-B* 和 *USTB-05-C* 基因登录号分别为 HM245411、KC513423 和 KC573527。通过基因信息分析，发现 *USTB-05-A* 和 *USTB-05-D* 基因正向编码翻译，而 *USTB-05-B* 和 *USTB-05-C* 基因反向编码翻译，并且 *USTB-05-B*

和 *USTB-05-D* 基因序列有部分编码重叠区。

（3）通过 BLAST 分析，发现 *USTB-05-A*、*USTB-05-B*、*USTB-05-C* 基因与 *mlr* 基因有很高的同源性，且对应的蛋白序列也具有很高的同源性，推测 *USTB-05-A*、*USTB-05-B*、*USTB-05-C* 基因与 *mlr* 基因具有相同的降解 MC-LR 的功能。

（4）通过 SignalP 软件分析，发现在 *USTB-05-A* 基因所编译的蛋白序列的第 26 位（丙氨酸）和第 27 位（亮氨酸）之间存在一个显示酶能进入细胞周质的信号肽活性位点，*USTB-05-B* 基因所编译的蛋白序列在第 21 位和第 22 位的缬氨酸和天冬氨酸之间也存在类似的信号肽活性位点，而 *USTB-05-C* 基因所编译的蛋白序列中未发现信号肽活性位点。

第5章 MC-LR 降解基因的克隆

5.1 基 本 思 路

  目的基因的克隆与表达基本思路是首先根据目的基因片段信息设计一对引物，通过引物 PCR 扩增得到目的基因片段，然后分离纯化并连接至克隆载体，重组质粒转化至大肠杆菌 DH5α 后进行质粒扩增，之后提取目的基因双酶切验证及测序，测序正确的基因片段最后与表达载体连接并转化至大肠杆菌 BL21(DE3)表达系统。基因克隆及表达基本思路如图 5-1 所示，所用载体图谱如图 5-2 和图 5-3 所示。其中载体 pGEX-4T-1 用于 *USTB-05-A* 基因的克隆，载体 pET30a(+)用于 *USTB-05-B* 及 *USTB-05-C* 基因的克隆。

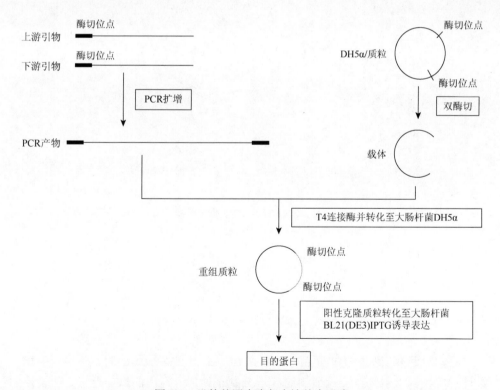

图 5-1 目的基因克隆与表达基本思路

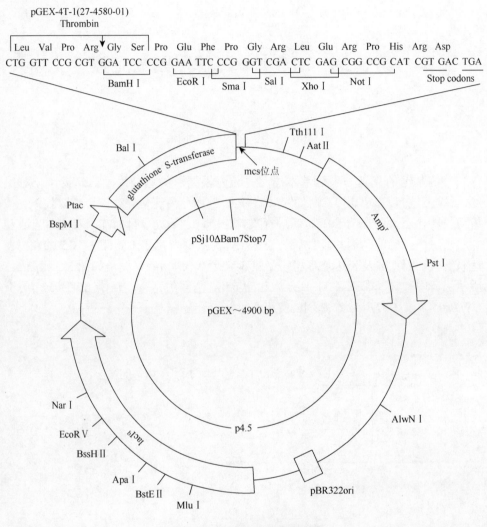

图 5-2　pGEX-4T-1 质粒图谱

5.2　PCR 扩增

5.2.1　引物设计

根据已经获得基因 *USTB-05-A*、*USTB-05-B* 和 *USTB-05-C* 的完整序列信息，设计对应特异性引物，并在引物的 5′端分别设计加入对应的酶切位点。所设计的引物如表 5-1 所示。

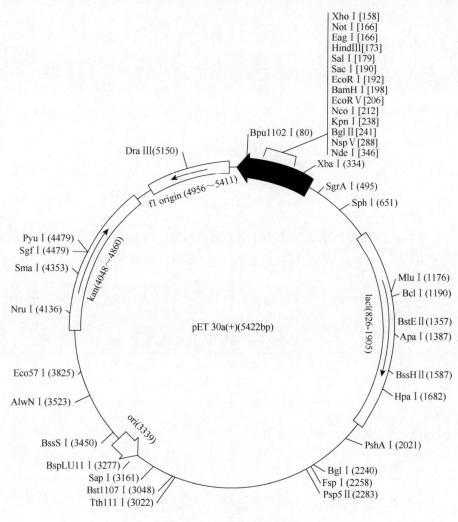

图 5-3　pET30(+)质粒图谱

表 5-1　PCR 引物设计

目的基因	引物	限制内切酶	扩增长度/bp
USTB-05-A	F 5′-ATC*GGATCC*ATGCGGGAGTTTGTCAAAC-3′ R 5′-AAG*CTCGAG*CGCGTTCGCGCCGGACTTG-3′	BamH I Xho I	1008
USTB-05-B	F 5′-CG*GGATCC*ATGACTGCAACAAAGCTTTTCCTGG-3′ R 5′-CCG*CTCGAG*CTACGGAAGCCGTCTGAACTCTAT-3′	BamH I Xho I	1626
USTB-05-C	F 5′-AATC*GAGCTC*ATGGAGATGCAGCGGCTTGCTG-3′ R 5′-ATAAGAAT*GCGGCCGC*CTAGGCTGAAAAGTCGAC-3′	Sac I Not I	1587

5.2.2 PCR 反应条件

PCR 反应是对目的 DNA 进行扩增的步骤，应尽可能保证每个所加样品的洁净度，避免污染。PCR 各反应体系如表 5-2～表 5-4 所示。

表 5-2 *USTB-05-A* 基因 PCR 扩增反应体系

模板	上游引物	下游引物	10×缓冲液	dNTPs	Taq 酶	ddH$_2$O	总体系
5 μL	1 μL	1 μL	10 μL	2 μL	1 μL	80 μL	100 μL

USTB-05-A 基因 PCR 反应条件为：①94℃预变性，10 min；②94℃变性，1 min；③50℃退火，1 min；④72℃延伸，3 min；⑤重复②～④，30 次；⑥72℃延伸，10 min；⑦4℃保存。

反应结束后，产物可立即进行琼脂糖凝胶电泳，多余样品–20℃保存备用。

表 5-3 *USTB-05-B* 基因 PCR 扩增反应体系

模板	上游引物	下游引物	5×缓冲液	dNTPs	fastPlu 酶	ddH$_2$O	总体系
2 μL	1.5 μL	1.5 μL	10 μL	5 μL	1 μL	29 μL	50 μL

USTB-05-B 基因 PCR 反应条件为：①95℃预变性，2 min；②95℃变性，20 s；③64℃退火，20 s；④72℃延伸，25 s；⑤复②～④，32 次；⑥72℃延伸，5 min；⑦4℃保存。

反应结束后，产物可立即进行琼脂糖凝胶电泳，多余样品–20℃保存备用。

表 5-4 *USTB-05-C* 基因 PCR 扩增反应体系

模板	上游引物	下游引物	5×缓冲液	dNTPs	fastPlu 酶	ddH$_2$O	总体系
*1 μL	1 μL	1 μL	10 μL	5 μL	1 μL	31 μL	50 μL

USTB-05-C 基因 PCR 反应条件为：①95℃预变性，2 min；②95℃变性，20 s；③64℃退火，20 s；④72℃延伸，25 s；⑤复②～④，33 次；⑥72℃延伸，5 min；⑦4℃保存。

反应结束后，产物可立即进行琼脂糖凝胶电泳，多余样品–20℃保存备用。

PCR 产物按 4.1.4 节所示方法进行电泳，100 V、45 min 后，在凝胶成像系统中检测目的条带。目的条带按 4.1.5 节方法回收。

5.2.3　PCR 反应结果分析

图 5-4 为 *USTB-05-A* 基因 PCR 扩增后的电泳图。图中 M 道为 DNA Marker（500~12000），第 1~5 道为 PCR 扩增产物。根据图 5-4 基因序列信息可知，*USTB-05-A* 基因的长度为 1008 bp。从图中可看出，第 3、4 道条带位置更接近 1008 bp，故选取第 3、4 道进行后续实验。

图 5-5 为 *USTB-05-B* 基因 PCR 扩增后的电泳图。图中 M 道为 DNA Marker（100~5000），第 1~5 道为 PCR 扩增产物。根据图 5-5 基因序列信息可知，*USTB-05-B* 基因的长度为 1626 bp。从图中可看出，第 1~5 道目的条带位置正确，PCR 扩增 *USTB-05-B* 基因序列成功。故选取 1~5 道目的条带进行后续实验。

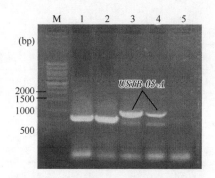
图 5-4　PCR 扩增 *USTB-05-A* 基因

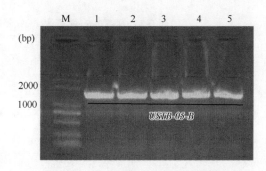
图 5-5　PCR 扩增 *USTB-05-B* 基因

图 5-6 为 *USTB-05-C* 基因 PCR 扩增后的电泳图。图中 M 道为 DNA Marker（100~5000），第 1~5 道为 PCR 扩增产物。根据获得基因序列信息可知，*USTB-05-C* 基因的长度为 1587 bp。从图中可看出，第 1~5 道目的条带位置正确，PCR 扩增 *USTB-05-C* 基因序列成功。故选取 1~5 道目的条带进行后续实验。

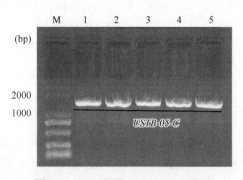
图 5-6　PCR 扩增 *USTB-05-C* 基因

5.3　阳性克隆鉴定

1. 载体制备

载体按 4.1.7 节中的方法转化至大肠杆菌 DH5α，涂平板，挑取单克隆菌落，接种于 10 mL LB 液体培养基中，37℃、200 r/min 振荡培养 18 h。采用 4.1.3 节中的方法提取质粒。

2. PCR 产物及质粒双酶切

对 PCR 回收产物及制备的载体分别进行酶切，各酶切体系如表 5-5～表 5-7 所示（酶切反应条件：37℃反应 2 h）。

表 5-5　USTB-05-A 基因 PCR 产物和 pGEX-4T-1 载体双酶切

PCR 产物/pGEX-4T-1	10×K 缓冲液	ddH₂O	BamH I	Xho I	总体系
20 μL	3 μL	3 μL	2 μL	2 μL	30 μL

表 5-6　USTB-05-B 基因 PCR 产物和 pET30a(+)载体双酶切

PCR 产物/pET30a(+)	10×K 缓冲液	ddH₂O	BamH I	Xho I	总体系
12 μL	2 μL	4 μL	1 μL	1 μL	20 μL

表 5-7　USTB-05-C 基因 PCR 产物和 pET30a(+)载体双酶切

PCR 产物/pET30a(+)	10×NEB 缓冲液	100×BSA	ddH₂O	Sac I	Not I	总体系
13 μL	2 μL	0.2 μL	3.6 μL	0.6 μL	0.6 μL	20 μL

3. DNA 凝胶电泳及目的片段回收

酶切产物的电泳及回收同 4.1.4 节及 4.1.5 节方法进行。

4. 重组质粒的构建

连接双酶切产物，构建重组质粒，并分别命名为 pGEX-4T-1/*USTB-05-A*、pET30a(+)/*USTB-05-B* 及 pET30a(+)/*USTB-05-C*。连接体系如表 5-8～表 5-10 所示（反应条件：4℃连接 12 h）。

表 5-8　**USTB-05-A 基因与 pGEX-4T-1 载体连接体系**

USTB-05-A	10×缓冲液	pGEX-4T-1	T4 DNA 连接酶	ddH₂O	总体系
3 μL	1 μL	3 μL	1 μL	2 μL	10 μL

表 5-9　**USTB-05-B 基因与 pET30a(+)载体连接体系**

USTB-05-B	10×缓冲液	pET30a(+)	T4 DNA 连接酶	ddH₂O	总体系
8 μL	2 μL	8 μL	1 μL	1 μL	20 μL

表 5-10　**USTB-05-C 基因与 pET30a(+)载体连接体系**

USTB-05-C	10×缓冲液	pET30a(+)	T4 DNA 连接酶	ddH₂O	总体系
8 μL	1.5 μL	4 μL	1 μL	0.5 μL	15 μL

参照 4.1.7 节中方法分别将重组质粒转化至大肠杆菌 DH5α。分别挑取平板上白色菌落，接种于 10 mL LB 液体培养基中，37℃、200 r/min 振荡培养 18 h。所得菌液用于后续克隆鉴定。

5. 阳性克隆鉴定

阳性克隆的两端分别有 1 个酶切位点，因此可以用相应的限制性内切酶消化提取质粒，阳性克隆的质粒将至少被切成 2 片段，通过凝胶电泳可以初步鉴定出阳性克隆。

（1）将上述培养的菌液按 4.1.3 节中方法分别取 3 mL 提取质粒。

（2）用限制性内切酶酶切提取的质粒，反应体系如表 5-11～表 5-13 所示（反应条件：37℃反应 1 h）。

表 5-11　**BamH Ⅰ 和 Xho Ⅰ 酶切 USTB-05-A/pGEX-4T-1 重组质粒**

质粒	10×缓冲液	ddH₂O	BamH Ⅰ	Xho Ⅰ	总体系
10 μL	2 μL	6 μL	1 μL	1 μL	20 μL

表 5-12　**BamH Ⅰ 和 Xho Ⅰ 酶切 USTB-05-B / pET30a(+)重组质粒**

质粒	10×K 缓冲液	ddH₂O	BamH Ⅰ	Xho Ⅰ	总体系
6 μL	1 μL	2 μL	0.5 μL	0.5 μL	10 μL

表 5-13　**Sac Ⅰ 和 Not Ⅰ 酶切 USTB-05-C / pET30a(+)重组质粒**

质粒	10×NEB 缓冲液	ddH₂O	100×BSA	Sac Ⅰ	Not Ⅰ	总体系
6 μL	1 μL	2.9 μL	0.1 μL	0.5 μL	0.5 μL	20 μL

（3）取 5 μL 酶切产物，与加载缓冲液混匀后上样于 1%琼脂糖凝胶中，同时在相邻的泳道中加入 DNA Marker，100 V、45 min 后，在凝胶成像系统中观察对应的条带。把酶切正确的菌液送去测序做进一步阳性克隆验证。

（4）将阳性克隆菌液培养并按 4.1.3 节中方法提取质粒，参照 4.1.7 节中方法将重组质粒转化大肠杆菌 BL21(DE3)，重复 4.1.8 节实验过程，确定质粒转化过程中没有发生基因移位。阳性克隆菌液加入 8%甘油保存在–70℃下冻存。

图 5-7 为 *USTB-05-A* 基因与表达载体 pGEX-4T-1 连接后转化至大肠杆菌 DH5α 扩增质粒，然后提取质粒再双酶切的电泳图。图中第 1 道和第 7 道为同一种 DNA Marker（500～12000 kb），第 2～6 道为质粒的双酶切（BamH Ⅰ 和 Xho Ⅰ）产物。从图中可以看出，第 2、4、5 道具有比较浅的 1 kb 左右的 DNA 条带，由此可以初步鉴定出阳性克隆。通过测序与初始 PCR 扩增 *USTB-05-A* 序列比对一致，初步判断 *USTB-05-A* 基因成功克隆到大肠杆菌 DH5α 中。

图 5-8 为 *USTB-05-B* 基因和 pET30a(+)载体连接后转化至大肠杆菌 DH5α 中进行质粒扩增，然后提取质粒 pET30a(+)/*USTB-05-B*，并用 BamH Ⅰ 和 Xho Ⅰ 限制酶双酶切后的电泳图。阳性克隆的质粒将被切成 2 个片段，由此可以初步鉴定出阳性克隆。图中第 2、3 道均出现 2 条条带，且位置分别在 1.6 kb 和 5.4 kb 左右，条带大小与 *USTB-05-B* 基因加上 pET30a(+)载体条带大小符合。初步判断第 2、3 道的菌株为阳性克隆，并选取该阳性克隆测序。

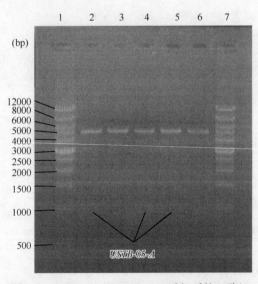

图 5-7　*USTB-05-A*/pGEX-4T-1 重组质粒双酶切验证

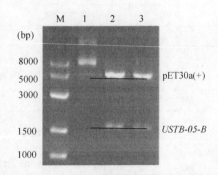

图 5-8　*USTB-05-B*/pET30a(+)重组质粒双酶切验证

图 5-9 为 *USTB-05-C* 基因和 pET30a(+)
载体连接后转化至大肠杆菌 DH5α 中进行
质粒扩增，然后提取质粒 pET30a(+)/
USTB-05-C，并用 Sac I 和 Not I 限制酶双
酶切后的电泳图。图中 M 道为 DNA Marker
（100～8000 bp），第 1～5 道为双酶切产物
泳道。阳性克隆的质粒将被切成 2 个片段，
由此可以初步鉴定出阳性克隆。从图中可
知，第 4 道出现 2 条条带，且位置分别在
1.6 kb 和 5.4 kb 左右，条带大小与
USTB-05-C 基因加上 pET30a(+)载体条带大
小符合。初步判断，第 4 道的菌株为阳性克
隆，并选取该阳性克隆测序。

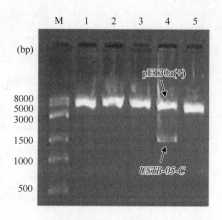

图 5-9　*USTB-05-C*/pET30a
（+）重组质粒双酶切验证

5.4　基因测序及比对

阳性克隆正确的菌种送北京三博远志生物公司对克隆质粒进行测序。使用
Vector NTI Advance 10 软件对所得序列与初始 PCR 扩增获得序列原 DNA 序列分
析比对，确保序列在连接、转化等遗传过程中不发生突变或丢失。*USTB-05-A*、
USTB-05-B、*USTB-05-C* 序列比对结果如图 5-10～图 5-12 所示。从序列比对结果
判断该 3 段基因成功克隆。将测序正确的质粒转化至大肠杆菌 BL21(DE3)表达系
统，分别得到重组菌 A、重组菌 B 和重组菌 C。

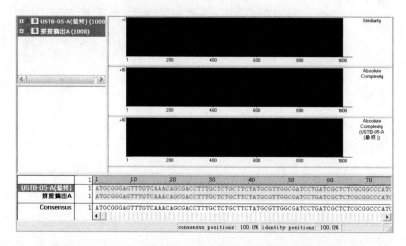

图 5-10　*USTB-05-A* 基因序列与初始 PCR 扩增基因序列比对

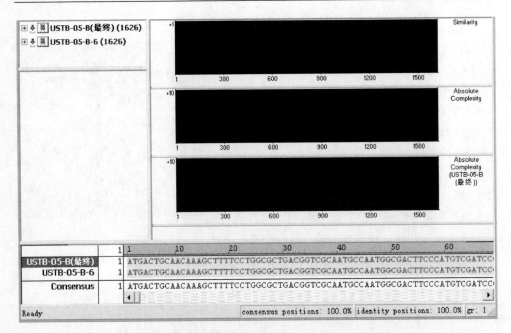

图 5-11　*USTB-05-B* 基因序列与初始 PCR 扩增基因序列比对

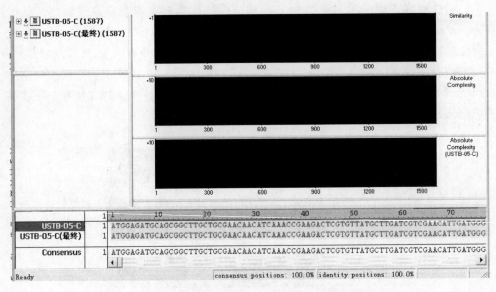

图 5-12　*USTB-05-C* 基因序列与初始 PCR 扩增基因序列比对

5.5　本　章　小　结

（1）通过引物设计及目的基因的 PCR 扩增，利用载体制备、PCR 产物及质粒双酶切等生物技术手段成功对 *USTB-05-A*、*USTB-05-B* 和 *USTB-05-C* 3 段基因进行了克隆。

（2）通过构建重组质粒 pGEX-4T-1/*USTB-05-A*、pET30a(+)/*USTB-05-B* 和 pET30a(+)/*USTB-05-C*，并成功转化至大肠杆菌 BL21（DE3），最终获得含有重组质粒的重组菌 A、重组菌 B 和重组菌 C，为下一步重组酶的表达与活性验证奠定基础。

第 6 章　重组蛋白的诱导表达与活性验证

基因所编码的酶是催化降解的具体执行者。成功表达出具有催化降解 MC-LR 活性的酶是分析基因降解功能及降解产物结构特性的关键。本章将对第 5 章所构建的携带有降解基因的重组菌 A、重组菌 B 和重组菌 C 进行目的蛋白诱导表达及酶的活性验证等方面的研究。

6.1　实　验　方　法

6.1.1　目的蛋白电泳

1. 试剂准备

（1）30%储备胶溶液：丙烯酰胺（Acr）29.0 g，亚甲双丙烯酰胺（Bis）1.0 g，混匀后加入 60 mL ddH$_2$O。37℃加热溶解，定容至 100 mL，0.45 μL 滤膜过滤，棕色瓶中室温保存。

（2）10%十二烷基硫酸钠（SDS）：电泳级 SDS 10.0 g 加 ddH$_2$O 90 mL，68℃加热溶解，浓盐酸调 pH 至 7.2，定容至 100 mL。

（3）10%过硫酸铵（AP）：1 g AP 加 ddH$_2$O 至 10 mL，4℃保存。

（4）1.5 mol/L Tris-HCl（pH 8.8）：Tris 18.17 g 加 50 mL ddH$_2$O 溶解，浓盐酸调 pH 至 8.8，定容至 100 mL。

（5）1 mol/L Tris-HCl（pH 6.8）：Tris 12.11 g 加 50 mL ddH$_2$O 溶解，浓盐酸调 pH 至 6.8，定容至 100 mL。

（6）电泳缓冲液：1.5 g Tris、7.2 g 甘氨酸、0.5 g SDS 加 ddH$_2$O 溶解，定容至 500 mL。

（7）考马斯亮蓝染色液：考马斯亮蓝 R-250 1.0 g，甲醇 450 mL，ddH$_2$O 450 mL，冰醋酸 100 mL。

（8）5×SDS 电泳上样缓冲液：1.51 mol/L Tirs-HCl（pH 8.8）0.6 mL，10% SDS 2 mL，50%甘油 5 mL，2-巯基乙醇 0.5 mL，1%溴酚蓝 1 mL，ddH$_2$O 0.9 mL。

（9）脱色液（1 L）：甲醇 100 mL，冰醋酸 100 mL，ddH$_2$O 800 mL。

（10）蛋白质 Marker。

2. 操作步骤

（1）分离胶（12%）制备：在一干净的小烧杯中依次加入下述试剂：ddH$_2$O 1.6 mL，30%储备胶 2.0 mL，1.5 mol/L Tris-HCl（pH 8.8）1.3 mL，10% SDS 0.05 mL，10% AP 0.05 mL，N, N, N', N'-四甲基乙二胺（TEMED）2 μL。

将溶液吹打混匀后灌注到制胶器玻璃板之间，以水封顶，注意使液面水平。大约 40 min 后，分离胶聚合，倾去水层。

（2）浓缩胶制备：在一干净的小烧杯中依次加入下述试剂：ddH$_2$O 1.4 mL，30%储备胶 0.33 mL，1 mol/L Tris-HCl（pH 6.8）0.25 mL，10% SDS 0.02 mL，10% AP 0.05 mL，TEMED 2 μL。

将溶液吹打混匀后加到分离胶上面，直至凝胶达到玻璃板顶端，立即将梳子插入玻璃板间，浓缩静置 30 min。

（3）凝胶聚合后，将电泳缓冲液加入内外电泳槽中，使凝胶上、下端均能浸泡在缓冲液中，小心拔出梳子。

（4）样品处理：将 20 μL 样品加入 5 μL 5×SDS 上样缓冲液，沸水浴 5 min，12000 r/min 离心 5 min，取上清液作 SDS-PAGE 分析，同时将 SDS 蛋白标准品 Marker 作平行处理。

（5）上样：取 20 μL 样品加入样品池中，并加入 5 μL 蛋白质 Marker 作对照。

（6）电泳：电泳槽连接电源，负极在上，正极在下。电泳时，电压 100 V，电泳至溴酚蓝行至电泳槽下端停止。

（7）染色：将胶从玻璃板中取出，用考马斯亮蓝染色液染色，室温 25 min。

（8）脱色：将胶从染色液中取出，放入脱色液中，多次脱色至蛋白带清晰。

（9）凝胶摄像和保存：在图像处理系统下将脱色好的凝胶摄像，凝胶可保存于 dd H$_2$O 中或 7%乙酸溶液中。

6.1.2　重组菌 CE 提取

重组菌无细胞提取液提取方法如下：

阳性克隆菌株按 1%比例接种到 LB 培养基（含 100 μg/mL Amp）中，37℃、200 r/min 下培养至菌液 OD$_{680\,nm}$ 值达到 0.6 时，加入 IPTG 使其终浓度为 0.3 mmol/L，30℃、200 r/min 继续培养过夜。后面的实验步骤参见前面章节所述。

6.2　重组蛋白诱导表达

根据前期研究，重组菌在温度为 30℃、IPTG 浓度为 0.1 mmol/L、培养时间为 3 h 时即可获得最大的蛋白表达量。

取阳性克隆，按 1%的比例接种到 100 mL LB 培养基（含 50 μg/mL Amp）中，37℃、200 r/min 下培养至 $OD_{680\,nm}$ 达到 0.6 时，加入 IPTG，然后在 200 r/min 下继续培养 3 h。实验中以不含重组质粒的大肠杆菌 BL21(DE3)菌株作为阴性对照。表 6-1 为目的蛋白诱导表达条件。

表 6-1　目的蛋白诱导表达条件

编号	1
IPTG 浓度/（mmol/L）	0.1
培养温度/℃	30
培养时间/h	3

3 h 后，分别取 1 mL 菌液，12000 r/min 离心 5 min，弃去上清液，菌体用磷酸盐缓冲液（pH=7.3）洗涤，用 20 μL 磷酸盐缓冲液重悬菌体，加入 5 μL 5×加载缓冲液，沸水浴 3～5 min，离心 2 min，上清液按 6.1.1 节中方法进行蛋白电泳，上样时每孔加样 20 μL。

图 6-1 为重组菌 A 蛋白诱导表达 SDS-PGAE 图。图中第 1 道为未加 IPTG 诱导的重组菌蛋白，第 2 道为大肠杆菌 BL21(DE3)阴性对照，第 3～6 道分别为 4 个平行样品，M 道为 Marker。由目的蛋白和谷胱苷肽-S-转移酶（GST）标签分子质量可算得，目的融合表达蛋白质的分子质量约为 61 kDa。由图 6-1 可以看出，在第 3～6 道中均有一条约 60 kDa 的条带。由此初步判断，目的基因 *USTB-05-A* 已经在大肠杆菌 BL21(DE3)成功诱导表达。

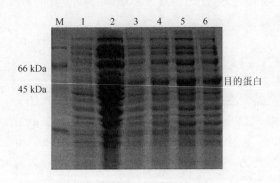

图 6-1　重组菌 A 蛋白诱导表达 SDS-PGAG 图

图 6-2 为重组菌 B 蛋白诱导表达 SDS-PGAE 图。图中第 1 道为未加 IPTG 诱导的重组菌蛋白质，第 2 道为大肠杆菌 BL21(DE3)阴性对照，第 3、4 道分别为 2 个平

行样品，M 道为 Marker。由目的蛋白和 His-Tag 标签分子量可算得，目的融合表达蛋白质的分子质量为 64 kDa。由图 6-2 可以看出，在第 3、4 道中均有一条约 60 kDa 的条带。由此初步判断，目的基因 *USTB-05-B* 已经在大肠杆菌 BL21(DE3)成功诱导表达。

　　图 6-3 为重组菌 C 蛋白诱导表达 SDS-PGAE 图。图中 M 道为 Marker，第 1 道为未加 IPTG 诱导的重组菌蛋白质，第 2 道为大肠杆菌 BL21(DE3)阴性对照，第 3 道为样品。由目的蛋白和 His-Tag 标签分子量可算得，目的融合表达蛋白质的分子质量为 59 kDa。由图 6-3 可以看出，在第 3 道中有一条约 60 kDa 的条带。由此初步判断，目的基因 *USTB-05-C* 已经在大肠杆菌 BL21(DE3)成功诱导表达。

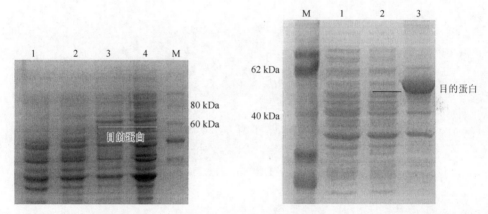

图 6-2　重组菌 B 蛋白诱导表达 SDS-PGAE 图　　图 6-3　重组菌 C 蛋白诱导表达 SDS-PGAE 图

6.3　包涵体验证

　　包涵体是指细菌表达的蛋白在细胞内凝集，形成无活性的固体颗粒。包涵体一般含有 50%以上的重组蛋白，无定形，呈非水溶性，只溶于变性剂如尿素、盐酸胍等，故必须对重组表达蛋白是否形成包涵体进行鉴定，其方法如下：

　　（1）阳性克隆菌株按 1%比例接种到 LB 培养基（含 50 μg/mL Amp）中，37℃、200 r/min 下培养至 $OD_{680\,nm}$ 达到 0.6 时，加入 IPTG 使其终浓度为 0.1 mmol/L，30℃、200 r/min 继续培养 3 h。

　　（2）12000 r/min 离心菌液，弃去上清液，沉淀用磷酸盐缓冲液洗涤几次，最后用磷酸盐缓冲液重悬菌体。

　　（3）将装有菌液的离心管放置于冰上，超声破碎，破碎条件：工作时间 8 s，间隔时间 4 s，全程时间 30 min（分为 5 个周期进行，每周期 6 min），输出功率 400 W。分 5 个周期进行是防止超声破碎时产热使菌液温度过高而使蛋白质变性。

　　（4）将破碎后的细胞在 12000 r/min 下离心 20 min，离心保持 4℃。离心后将上清液和沉淀分别放入不同的离心管中。

（5）按 6.1.1 节所述步骤进行 SDS-PAGE，样品分别为破碎前的基因重组菌、破碎后上清液、破碎后沉淀，对照为不含重组质粒的大肠杆菌 BL21(DE3)菌株。

图 6-4 为重组菌 A 诱导蛋白包涵体验证 SDS-PAGE 图。图中第 1 道为大肠杆菌 BL21(DE3)阴性对照，第 2 道为未诱导的重组菌，第 3 道为破碎后沉淀，第 4 道为破碎前菌体，第 5 道为破碎后上清液。由图中可以看出，目的蛋白已经在重组菌中高效表达，第 3 道和第 5 道均具有目的融合蛋白条带，并且第 3 道中条带颜色更深，这说明基因 *USTB-05-A* 所表达的融合蛋白大部分形成了包涵体，有一小部分仍在细胞质和细胞周质中以可溶形式存在。

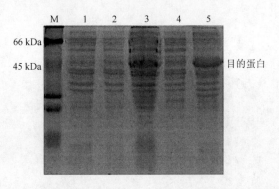

图 6-4　重组菌 A 诱导蛋白包涵体验证 SDS-PAGE 图

图 6-5 为重组菌 B 诱导蛋白包涵体验证 SDS-PAGE 图。图中第 1 道为未诱导的重组菌，第 2 道为破碎前菌体，第 3 道为细胞破碎后上清液，第 4 道为细胞破碎后沉淀。由图中可以看出，目的蛋白已经在重组菌中高效表达，第 2 道、第 3 道

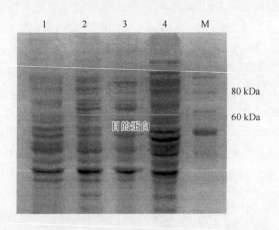

图 6-5　重组菌 B 诱导蛋白包涵体验证 SDS-PAGE 图

和第 4 道均具有目的融合蛋白条带，并且第 4 道中条带颜色更深，这说明基因 *USTB-05-B* 所表达的融合蛋白大部分形成了包涵体，有一小部分仍在细胞质和细胞周质中以可溶形式存在。

图 6-6 为重组菌 C 诱导蛋白包涵体验证 SDS-PAGE 图。图中第 1 道为大肠杆菌 BL21(DE3)阴性对照，第 2 道为未诱导的重组菌，第 3 道为细胞破碎后上清液，第 4 道为破碎后沉淀。由图中可以看出，目的蛋白已经在重组菌中高效表达，第 3 道和第 4 道均具有目的融合蛋白条带，并且第 4 道中条带颜色更深，这说明基因 *USTB-05-C* 所表达的融合蛋白大部分形成了包涵体，有一小部分仍在细胞质和细胞周质中以可溶形式存在。

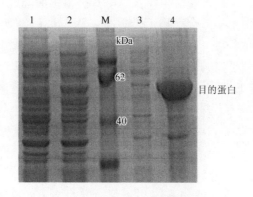

图 6-6　重组菌 C 诱导蛋白包涵体验证 SDS-PAGE 图

6.4　重组菌 A 蛋白酶催化降解 MC-LR 活性验证

将重组菌 A 的 CE 与 MC-LR 标准品混合反应，研究重组菌 A 对 MC-LR 的降解活性。反应体系见表 6-2（体系中 MC-LR 的终浓度为 30 mg/L，细胞总蛋白的终浓度为 350 mg/L）。

表 6-2　重组菌 A 的 CE 催化降解 MC-LR 反应体系

组号	1	组号	1
MC-LR	0.8 mL	PBS	0.6 mL
CE	0.6 mL	总计	2.0 mL

催化降解反应在 30℃、200 r/min 条件下进行，在 0 min、10 min、30 min、1 h、

2 h 后取样，每次取样 200 μL，同时每个样品加入 2 μL 饱和浓盐酸以终止反应。所有样品在–20℃冰箱中保存，在 12000 r/min 下离心 10 min 后统一采用 HPLC 测定 MC-LR 的降解情况，测定方法参照 2.2.3 节所述。

　　图 6-7 为重组菌 A 蛋白酶催化降解 MC-LR 的 HPLC 图。从图 6-7 中可以看出，实验组中标准品 MC-LR 在 HPLC 上的出峰时间为 8.4 min 左右 [图 6-7（a）]，随着时间的推移，该峰值逐渐减少，并在 30 min 前完全消失。与此同时，在出峰时间为 4.4 min 出现另外一个峰（产物 A）[图 6-7（b）]，且该峰值逐渐增大，在 30 min 后达最大值，并一直保持不变 [图 6-7（c）]。由此推测，基因 *USTB-05-A* 所表达的重组蛋白酶在 30 min 内能够把初始浓度为 30 mg/L 的 MC-LR 标准品完全降解，降解速率非常快，说明重组蛋白酶具有很强的降解 MC-LR 的能力，并且在降解过程中产生了第一个产物（产物 A）。因 MC-LR 和产物 A 的扫描图谱在 200～300 nm 之间均有最大吸收峰，并且二者扫描图谱相似度非常高（图 6-8），说明二者有相似的分子结构。实验结果表明，基因 *USTB-05-A* 所表达的酶能催化降解 MC-LR，同时也进一步证明了菌株 USTB-05 第一个降解基因 *USTB-05-A* 成功得以克隆和表达。

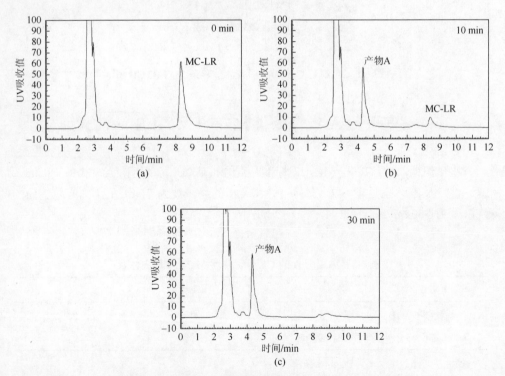

图 6-7　重组菌 A 蛋白酶催化降解 MC-LR 的 HPLC 图

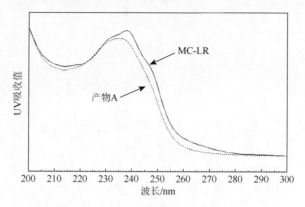

图 6-8　MC-LR 及产物 A 紫外吸收图谱

6.5　重组菌 B 蛋白酶催化降解 MC-LR 及第一个产物

用重组菌 B 的 CE 催化降解 MC-LR，反应体系如表 6-3 所示。

用重组菌 B 的 CE 催化降解 MC-LR 的第一个产物（产物 A），即第 6.4 节实验中所获得的产物，反应体系如表 6-4 所示。

表 6-3　重组菌 B 的 CE 催化降解 MC-LR 反应体系

组号	1	组号	1
MC-LR	0.8 mL	PBS	0.6 mL
CE	0.6 mL	总计	2.0 mL

表 6-4　重组菌 B 的 CE 催化降解产物 A 反应体系

组号	1	组号	1
产物 A	1.0 mL	PBS	0.4 mL
B-CE	0.6 mL	总计	2.0 mL

催化降解反应在 30℃、200 r/min 条件下进行，分别在 0 min、10 min、30 min、60 min 取样，每次取样 200 μL，同时每个样品加入 2 μL 饱和浓盐酸以终止反应。所有样品在−20℃冰箱中保存，样品在 12000 r/min 下离心 10 min 后统一采用 HPLC 测定，测定方法参照 2.2.3 节所述。

图 6-9 为重组菌 B 蛋白酶催化降解 MC-LR 的 HPLC 图。从图可以看出，反应 60 min 后，MC-LR 峰值没变化，说明重组菌 B 蛋白酶不能直接催化降解 MC-LR。

图 6-10 为重组菌 B 蛋白酶催化降解产物 A 的 HPLC 图。从图 6-10 中可以看出，实验组中产物 A 在 HPLC 上的出峰时间为 4.9 min 左右 [图 6-10（a）]。随着

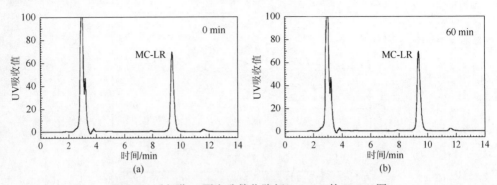

图 6-9　重组菌 B 蛋白酶催化降解 MC-LR 的 HPLC 图

反应时间的推移，产物 A 峰值随之降低，并在 30 min 之前消失。与此同时，在出峰时间为 6.9 min 时出现第二个产物峰（产物 B）[图 6-10（b）]，且该峰值逐渐增大，在 30 min 之后达到最大，并一直保持不变 [图 6-10（c）和图 6-10（d）]。由此可以看出，由基因 *USTB-05-B* 所表达的重组蛋白酶具有很强的降解产物 A 的能力，并且在降解过程中产生了另外一个产物（产物 B）。因产物 A 和产物 B 的扫描图谱在 200～300 nm 之间均有最大吸收峰，并且二者扫描图谱相似度非常高（图 6-11），说明二者有相似的分子结构。实验结果表明，基因 *USTB-05-B* 所表达

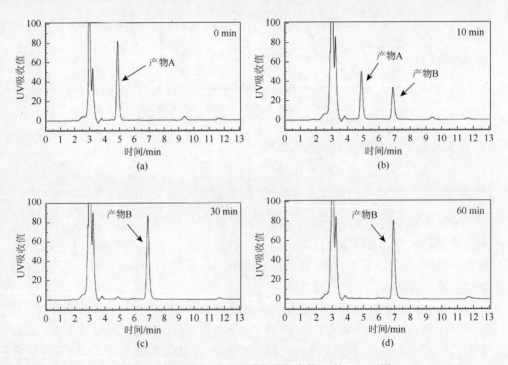

图 6-10　重组菌 B 蛋白酶催化降解产物 A 的 HPLC 图

的蛋白酶能催化降解 MC-LR 的第一个产物，同时也进一步证明了菌株 USTB-05 第二个降解基因 *USTB-05-B* 成功得以克隆和表达。

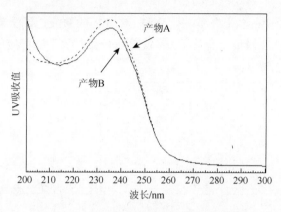

图 6-11　产物 A 与产物 B 紫外吸收图谱

6.6　重组菌 C 蛋白酶催化降解 MC-LR 及第二个产物

用重组菌 C 的 CE 催化降解 MC-LR、MC-LR 的第一个产物（产物 A），即第 6.4 节实验中所获得的产物 A 及第二个产物，即第 6.5 节实验中所获得的产物 B，反应体系分别如表 6-5～表 6-7 所示。

表 6-5　重组菌 C 的 CE 催化降解 MC-LR 反应体系

组号	1	组号	1
MC-LR	0.8 mL	PBS	0.6 mL
CE	0.6 mL	总计	2.0 mL

表 6-6　重组菌 C 的 CE 催化降解产物 A 反应体系

组号	1	组号	1
产物 A	0.5 mL	PBS	0.9 mL
CE	0.6 mL	总计	2.0 mL

表 6-7　重组菌 C 的 CE 催化降解产物 B 反应体系

组号	1	组号	1
产物 B	0.5 mL	PBS	0.9 mL
CE	0.6 mL	总计	2.0 mL

反应在 30℃、200 r/min 条件下进行，分别在 0min、10 min、30 min、60 min 取

样，每次取样 200 μL，取样时加入 2 μL 饱和浓盐酸以终止反应。所有样品在−20℃
冰箱中保存，样品在 12000 r/min 下离心 10 min 后统一采用 HPLC 测定，测定方
法参照 2.2.3 节所述。

图 6-12 为重组菌 C 蛋白酶催化降解 MC-LR 的 HPLC 图。从图可以看出，反
应 60 min 后，MC-LR 峰值没变化，说明重组菌 C 蛋白酶不能直接催化降解 MC-LR。

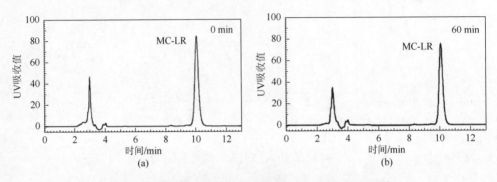

图 6-12　重组菌 C 蛋白酶催化降解 MC-LR 的 HPLC 图

图 6-13 为重组菌 C 蛋白酶催化降解产物 B 的 HPLC 图。从图 6-13 中可以看
出，实验组中产物 B 在 HPLC 上的出峰时间为 7.2 min 左右［图 6-13（a）］。随着
反应时间的推移，产物 B 峰值随之降低，并在 20 min 之前消失。与此同时，在出
峰时间为 9.8 min 时出现第三个产物峰（产物 C）［图 6-13（b）］，且该峰值逐渐增
大，在 20 min 后达最大值，并一直保持不变［图 6-13（c）］。由此可以看出，由
基因 *USTB-05-C* 所表达的重组蛋白酶具有很强的降解产物 A 的能力，并在降解过
程中产生了第三个降解产物（产物 C）。结合图 6-14 中产物 B 和产物 C 在 HPLC
上扫描图谱的比对结果，二者的扫描图谱在 200～300 nm 范围内均有最大吸收峰，
并且二者扫描图谱相似度非常高，说明二者有相似的分子结构。实验结果表明，
基因 *USTB-05-C* 所表达的蛋白酶能催化降解 MC-LR 的第二个产物，同时也进一
步证明了菌株 USTB-05 第三个降解基因 *USTB-05-C* 成功地得以克隆和表达。

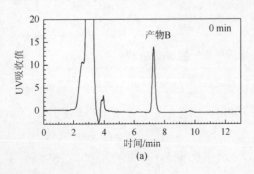
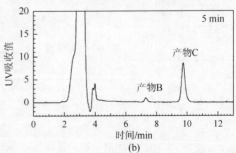

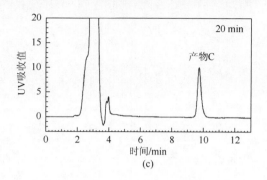

图 6-13　重组菌 C 蛋白酶催化降解产物 B 的 HPLC 图

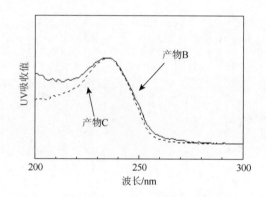

图 6-14　产物 B 与产物 C 紫外吸收图谱

6.7　重组菌 C 蛋白酶催化降解第一个产物

图 6-15 为重组菌 C 蛋白酶催化降解 MC-LR 第一个产物的 HPLC 图。从图 6-15 中可以看出，实验组中产物 A 在 HPLC 上的出峰时间为 5.2 min（保留时间）左右 [图 6-15（a）]。随着反应时间的推移，产物 A 峰值随之减少，并在 20 min 之前消失。与此同时，在停留时间为 9.8 min 时出现第四个产物峰（产物 D）[图 6-15（b）]，该产物峰值逐渐增大，在 20 min 以后达最大值，并一直保持不变 [图 6-15（c）]。由此可以看出，由基因 *USTB-05-B* 所表达的重组蛋白酶具有很强的降解产物 A 的能力，并在降解过程中产生了第四个降解产物（产物 D）。因产物 C 和产物 D 在 HPLC 上的出峰时间都在 9.8 min 左右（图 6-15），且二者扫描图谱相似度非常高（图 6-16），故初步推测二者为同一种物质。实验结果表明，第三段基因 *USTB-05-C* 所表达的蛋白酶不仅能催化降解 MC-LR 的第二个产物（产物 B），还能催化降解 MC-LR 的第一个产物（产物 A）。

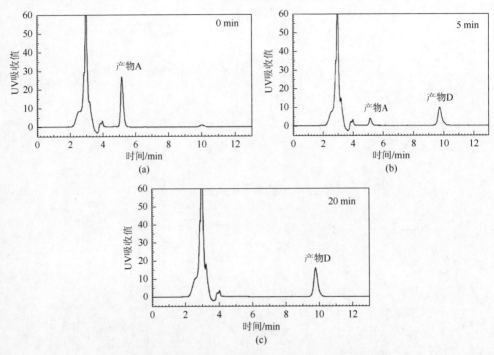

图 6-15　重组菌 C 蛋白酶催化降解产物 A 的 HPLC 图

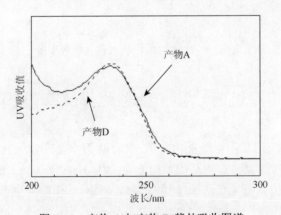

图 6-16　产物 A 与产物 D 紫外吸收图谱

6.8　重组蛋白活性验证归纳

　　由前面实验结果可知,重组菌 A 所表达的酶能催化降解 MC-LR,生成产物 A; 重组菌 B 和重组菌 C 所表达的酶均不能催化降解 MC-LR, 但是都能催化降解产物 A, 并分别生成对应的产物 B 和产物 D; 而重组菌 C 酶还具有催化降解产物 B

的活性。

各重组菌酶活性验证归纳如图 6-17 所示。

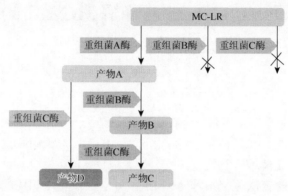

图 6-17　重组菌酶活性验证归纳

6.9　本章小结

对所构建的重组菌进行蛋白诱导表达、包涵体验证及目的蛋白活性验证，主要结论如下：

（1）SDS-PAGE 检测结果显示，在 IPTG 浓度为 0.1 mmol/L、温度 30℃和诱导时间 3 h 条件下，能使目的蛋白大量表达，且大多以包涵体形式存在。

（2）重组菌 A、重组菌 B、重组菌 C 所诱导的蛋白酶都具有相应的活性：重组菌 A 所表达的蛋白酶能快速催化降解 MC-LR，生成第一个产物（产物 A）；重组菌 B 酶也能快速催化降解产物 A，生成第二个产物（产物 B），但不能直接催化降解 MC-LR；而重组菌 C 酶不但能快速降解产物 B 生成第三个产物（产物 C），还能催化降解产物 A 生成第四个产物（产物 D），但不能直接催化降解 MC-LR。

（3）产物 A、产物 B、产物 C 和产物 D 与 MC-LR 的扫描图谱在 200～300 nm 之间均有最大吸收峰，并且扫描图谱相似度非常高，说明这些产物分子结构中含有 Adda 基团和共轭双键结构。由于产物 C 和产物 D 在 HPLC 上出峰时间的一致性及扫描图谱的相似性，初步推测二者为同一种物质。

第7章 USTB-05 菌降解 MC-LR 的途径及分子机理探讨

前期研究结果表明，携带有 MC-LR 降解基因的重组菌所表达的酶分别具有相应的活性。通过 HPLC 在重组酶催化降解 MC-LR 过程中共检测出 4 个降解产物，需要对这 4 个降解产物进行定性分析。现以 MC-LR 标准品为底物，用诱导表达获得的重组酶依次催化降解 MC-LR，分别获取足量相应酶促反应的降解产物，并对其进行纯化。通过 LC-MS 对降解产物进行定性分析，结合降解酶活性验证，建立 USTB-05 菌酶催化降解 MC-LR 的途径。通过降解酶酶学性质分析及产物结构分析，研究降解途径的分子机理。

7.1 实 验 方 法

7.1.1 降解产物生成

产物 A、产物 B、产物 C 和产物 D 降解产物生成体系分别如表 7-1、表 7-2、表 7-3 及表 7-4 所示。酶促反应条件：30℃，200 r/min，2 h。向反应体系中加入 1%的浓盐酸以终止反应。

表 7-1 产物 A 生成体系

组号	MC-LR（100 mg/L）	重组菌 A-CE	PBS	总计
1	1.2 mL	0.6 mL	1.2 mL	3.0 mL

表 7-2 产物 B 生成体系

组号	MC-LR（100 mg/L）	重组菌 A-CE	重组菌 B-CE	PBS	总计
1	1.2 mL	0.6 mL	0.6 mL	0.6 mL	3.0 mL

表 7-3　产物 C 生成体系

组号	MC-LR（100 mg/L）	重组菌 A-CE	重组菌 B-CE	重组菌 C-CE	总计
1	1.2 mL	0.6 mL	0.6 mL	0.6 mL	3.0 mL

表 7-4　产物 D 生成体系

组号	MC-LR（100 mg/L）	重组菌 A-CE	重组菌 C-CE	PBS	总计
1	1.2 mL	0.6 mL	0.6 mL	0.6 mL	3.0 mL

7.1.2　降解产物纯化

　　各生成的产物体系中由于含有较多蛋白及 PBS 等杂质，不能直接用于质谱分析，故需对其进行纯化。本节选择固相萃取柱（SPE），SPE 柱可以在低甲醇浓度时吸附 MC-LR 及与其结构相似的物质，高甲醇浓度时解吸附。其具体操作流程是：1 mL 无水甲醇→1 mL 超纯水→1 mL 产物混合液→1 mL 35%甲醇→1 mL 80%甲醇洗脱，使其纯化终体积为 200～300 μL，并在终体积溶液中添加一定量的 MC-LR 标准品或者确认的产物作为对照，LC-MS 测定时可作为测定是否准确的依据。

7.2　MC-LR 降解产物质谱分析

7.2.1　产物 A 质谱分析

　　MC-LR 及产物 A 质谱如图 7-1 所示。从图中可以看出，总离子流图谱上有明显的 3 个峰。经过图谱分析，4.91 min 和 5.02 min 处的离子峰分别为产物 A 离子峰和 MC-LR 离子峰 [图 7-1（a）]。MC-LR 在 m/z 995.6 处有一个明显的峰，此峰对应

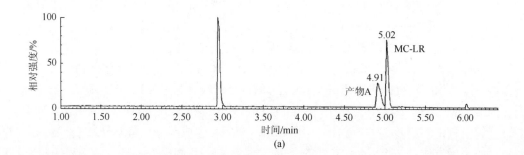

(a)

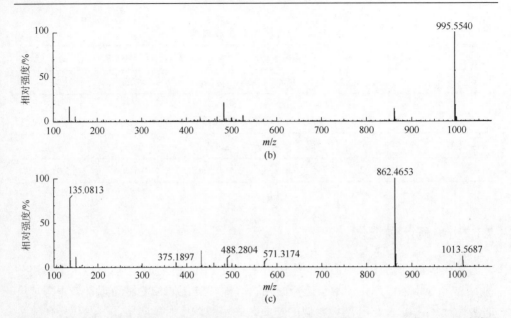

图 7-1　（a）MC-LR 与产物 A 总离子流；（b）MC-LR 一级质谱图；（c）产物 A 一级质谱图

于[M+H]$^+$，此峰的出现说明质谱分析可靠［图 7-1（b）］。

在图 7-1（c）中，产物 A 质谱在质荷比为 m/z 1013.6 和 m/z 862.5 处出现 2 个明显的峰。分析可知，m/z 1013.6（[M+H]$^+$）处的峰值比 MC-LR（m/z 995.6）的峰值质荷比大 18，为一个水分子的分子量。推测产物 A 可能为 MC-LR 的水解产物，降解机理可能为打开 MC-LR 肽环的一个肽键，反应过程需要一个水分子参与，即 MC-LR 水解为线形 MC-LR（产物 A）。在 m/z 862.5 处的离子峰（M_w= M－151）推测是线形 MC-LR 丢失了 Adda 的 PhCH$_2$CHOMe 基团（M_w = 135）和 NH$_2$ 基团（M_w = 16）所致，同时丢失这两个基团的依据在于质子轰击产物时由于共轭双键（Adda）而发生的电子重排；PhCH$_2$CHOMe 基团和 MC-LR 中其他氨基酸 NH$_2$ 基团的同时丢失几乎不可能发生。这也说明了产物 A 具有 N 端 Adda 基团。

为了进一步证明对产物 A 分子结构的推测，对 m/z 1013.6 进行二级质谱（MS-MS）检测分析。从检测结果（图 7-2 和表 7-5）可以看出，在 m/z 862.5、756.4、726.3、375.2 的离子峰都说明从 Adda 基团上丢失了相应的离子碎片，从而进一步证明产物 A 具有 N 端 Adda 基团。而 m/z 571.3、488.3 离子峰则证明了产物 A 具有 C 端 Arg 结构。产物 A 二级质谱 MassLynx 软件分析结果见附录 B。因此确认，产物 A 为线形 MC-LR，其结构式为 H-HN-Adda-Glu-Mdha-Ala-Leu-Masp-Arg-OH。MC-LR 降解过程的第一步为水解肽键打开 MC-LR 肽环，生成第一个降解产物（产物 A），水解反应发生在 Adda-Arg 之间的肽键。

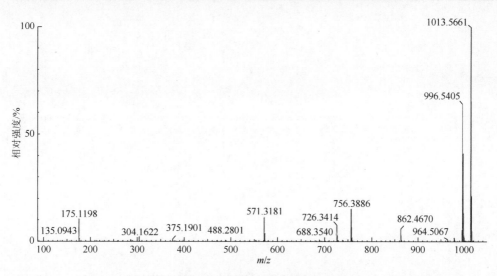

图 7-2　产物 A 二级质谱分析

表 7-5　产物 A 二级质谱母离子峰和子离子峰

质荷比（*m/z*）	物质
1013.6	M+H（H-HN-Adda-Glu-Mdha-Ala-Leu-Masp-Arg-OH+H）
996.5	M+H−NH₃
862.5	M+H−NH₂−PhCH₂CHOMe
756.4	CH₃CHCO-Glu-Mdha-Ala-Leu-Masp-Arg-OH+2H
726.3	CO-Glu-Mdha-Ala-Leu-Masp-Arg-OH+2H
571.3	Mdha-Ala-Leu-Masp-Arg-OH+2H
488.3	Ala-Leu-Masp-Arg-OH+2H
375.2	Adda（—NH₂−PhCH₂CHOMe）-Glu-Mdha+OH
304.2	Masp-Arg-OH+2H
175.1	Arg-OH+2H
135.1	PhCH₂CHOMe

7.2.2　产物 B 质谱分析

　　MC-LR 及产物 B 质谱如图 7-3 所示。从图中可以看出，总离子流图谱上有明显的 3 个峰。经过图谱分析，4.80 min 和 5.00 min 处的离子峰分别为产物 B 离子峰和 MC-LR 离子峰 [图 7-3（a）]。MC-LR 在 *m/z* 995.6 处有一个明显的离子峰，此峰对应于[M+H]⁺，此峰的出现说明质谱分析可靠 [图 7-3（b）]。

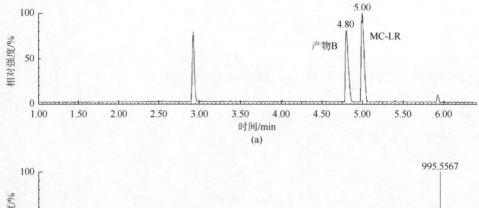

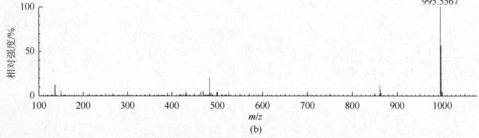

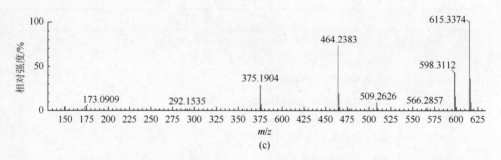

图 7-3 （a）MC-LR 与产物 B 总离子流；（b）MC-LR 一级质谱图；（c）产物 B 一级质谱图

从图 7-3（c）可知，产物 B 的质谱图上有一个主要离子峰 m/z 615.3 和一个次离子峰 m/z 598.3。m/z 615.3 离子峰相当于从线形 MC-LR（$[M+H_2O+H]^+$，1013）上丢失 Arg-Masp-Leu 基团。而质荷比为 m/z 598.3 的离子峰推测是产物 B 丢失了 NH_3（M_w=17）所致。初步判断产物 B 的结构式是 Adda-Glu-Mdha-Ala-OH。

为了证明对产物 B 结构的推测，用飞行时间串联质谱仪（Q-Tof）对质荷比为 m/z 615.3 的离子峰进行二级质谱分析。对图 7-4 分析认为，在 m/z 509.3 处离子峰为产物 B 丢失丙氨酸（M_w=89）及 NH_3（M_w=17）所致；m/z 464.2 的离子峰为产物 B 在 Adda 上丢失 $PhCH_2CHOCH_3$ 基团（M_w=135）和 NH_2 基团（M_w=16）所致，并说明产物 B 的 N 端为 Adda；在 m/z 375.2 处离子峰则是产物 B 丢失了 $PhCH_2CHOCH_3$ 基团（M_w=135）、NH_2 基团（M_w=16）以及 Ala（M_w=89）所致；

m/z 265.2 处离子峰与 Adda 丢失了 NH_2（$M_w = 16$）及 OH（$M_w = 17$）相符；*m/z* 195.1 离子峰则为 Glu-Mdha 丢失了一个碱基 OH（$M_w = 17$）；而 *m/z* 173.1 处离子峰与 Mdha-Ala 的分子量大小相符（表 7-6），证明了产物 B 具有 C 端 Ala 结构。产物 B 二级质谱 MassLynx 软件分析结果见附录 B。故可以确定产物 B 为四肽 Adda-Glu-Mdha-Ala-OH。由此推测线形 MC-LR 分子结构中 Ala-Leu 之间的肽键发生了断裂，线形 MC-LR 被水解成四肽（Adda-Glu-Mdha-Ala-OH）产物。

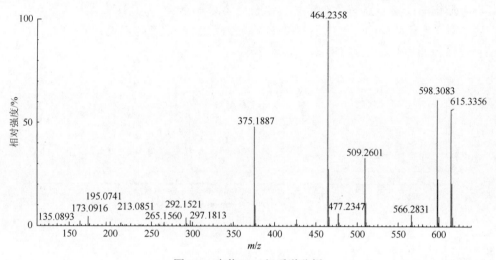

图 7-4　产物 B 二级质谱分析

表 7-6　产物 B 二级质谱母离子峰和子离子峰

质荷比（*m/z*）	物质
615.3	M+H（Adda-Glu-Mdha-Ala-OH+H）
598.3	M（—NH_3）+H
566.3	Adda（—NH_2—MeOH）-Glu-Mdha-Ala+H
509.3	Adda（—NH_2）-Glu-Mdha+H
477.2	Adda（—NH_2—MeOH）-Glu-Mdha+H
464.2	M（—$PhCH_2CHOMe$—NH_2）+H
375.2	M（—$PhCH_2CHOMe$—NH_2—Ala）+H
297.2	Adda（—NH_2）+H
292.2	M（—$PhCH_2CHOMe$—NH_2—Ala—Mdha）+H
265.2	Adda（—NH_2—MeOH）+H
213.1	Glu-Mdha+H
195.1	Glu（—OH）-Mdha+H
173.1	Mdha-Ala+H
163.1	$C_{11}H_{14}O$+H
135.1	$PhCH_2CHOMe$

7.2.3　产物 C 及产物 D 质谱分析

图 7-5 和图 7-6 分别为产物 C 和产物 D 的一级质谱图。从图 7-5（a）和图 7-5（b）可知，对产物 C 的质谱测定正确；而从图 7-6（a）和图 7-6（b）可知，对产物 D 的质谱测定也是正确的。通过图 7-5（c）及图 7-6（c）对比发现，产物 C 的一级质谱与产物 D 的基本一致，并结合产物 C 与产物 D 在 HPLC 上（图 6-13，图 6-15）保留时间的一致性及扫描图谱的相似性，确定产物 C 与产物 D 实为同一种物质，即为 MC-LR 的第三个降解产物。

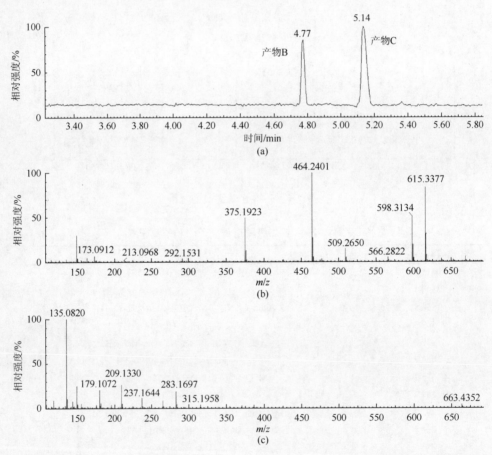

图 7-5　（a）产物 B 与产物 C 总离子流；（b）产物 B 一级质谱图；（c）产物 C 一级质谱图

在质谱图 7-5（c）和图 7-6（c）中有一离子峰 *m/z* 663.4，推测其为 2M+H，即第三个产物的质谱离子峰为 *m/z* 332.1 推测其为[M+H]⁺。而在 *m/z* 179.1 处为第

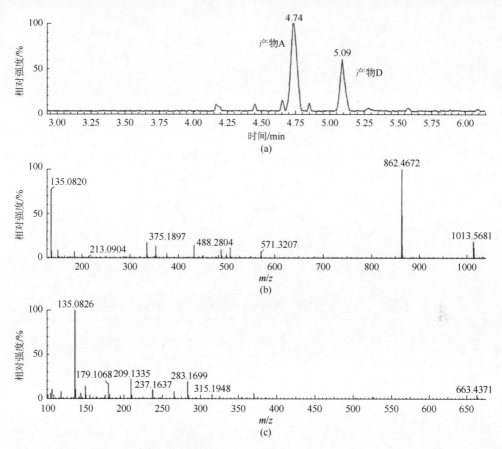

图 7-6　（a）产物 A 与产物 D 总离子流；（b）产物 A 一级质谱图；（c）产物 D 一级质谱图

三个产物从 Adda 上丢失 PhCH₂CHOMe 基团（$M_w = 135$）和 NH₂ 基团（$M_w = 16$）所致，而且 Adda 的质谱离子峰为 m/z 332.2，故推测第三个降解产物是 Adda。

为了证明推测的正确性，对离子峰 m/z 663.4 进行二级质谱分析（图 7-7）。对图 7-7 分析认为，在 m/z 315.2 离子峰相当于产物[M+H]⁺丢失了 NH₃（$M_w = 17$）；在 m/z 283.2 处与产物[M+H]⁺丢失 MeOH（$M_w = 32$）及 NH₃（$M_w = 17$）相符；在 m/z 179.1 处与产物[M+H]⁺丢失 PhCH₂CHOMe（$M_w = 135$）及 NH₃（$M_w = 17$）是一致的；而 m/z 135.1 即为 PhCH₂CHOMe（$M_w = 135$）（表 7-7）。第三个降解产物的二级质谱 MassLynx 软件分析结果见附录 B。故可以确定 MC-LR 的第三个降解产物是 Adda-OH。因此，由基因 *USTB-05-C* 所表达的酶既能水解线形 MC-LR 中 Adda-Glu 之间的肽键，也能水解四肽（Adda-Glu-Mdha-Ala-OH）中 Adda-Glu 之间的肽键，生成共同产物 Adda。由此推测基因 *USTB-05-C* 所表达的酶为一新奇的酶。

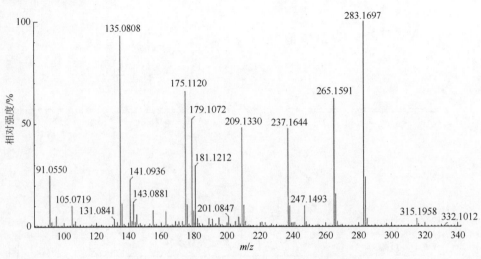

图 7-7　MC-LR 第三个降解产物二级质谱分析

表 7-7　MC-LR 第三个降解产物二级质谱母离子峰和子离子峰

质荷比（m/z）	物质
663.4	2M+H
332.1	M+H
315.2	M（—NH$_3$）+H
283.2	M（—MeOH—NH$_3$）+H
265.2	M（—MeOH—NH$_3$—OH）+H
179.1	M（—PhCH$_2$CHOMe—NH$_3$）+H
135.1	PhCH$_2$CHOMe

7.3　USTB-05 菌降解 MC-LR 的途径及分子机理

根据前述 4 个降解产物测定分析结果可知,各降解产物的分子结构式如表 7-8 所示。

表 7-8　降解产物分子结构式

产物名称	分子结构式
产物 A	**H**-HN-Adda-D-Glu-Mdha-D-Ala-L-Leu-D-Masp-L-Arg-**OH**
产物 B	Adda-D-Glu-Mdha-D-Ala-**OH**
产物 C	Adda-**OH**
产物 D	Adda-**OH**

　　根据降解产物分子结构测定及降解酶活性验证（图 6-17），推测 USTB-05 菌降解 MC-LR 的途径如下：第一步是由基因 *USTB-05-A* 所表达的酶水解 Adda-Arg 肽键，把环状的 MC-LR（M_w=995）降解成线形 MC-LR（M_w=1013）；MC-LR 被开环后，线形 MC-LR 即能被基因 *USTB-05-B* 所表达的酶识别并水解线形 MC-LR 中的 Ala-Leu 肽键，生成四肽产物（Adda-D-Glu-Mdha-D-Ala-OH，M_w=614），也能被 *USTB-05-C* 所表达的酶识别水解其中的 Adda-Glu 肽键，生成产物 Adda；与此同时，*USTB-05-C* 所表达的酶还能识别并水解四肽（Adda-D-Glu-Mdha-D-Ala-OH）中的 Adda-Glu 肽键，生成产物 Adda（M_w=331）。MC-LR 降解的最终产物都是 Adda。USTB-05 菌降解 MC-LR 的途径如图 7-8 所示。

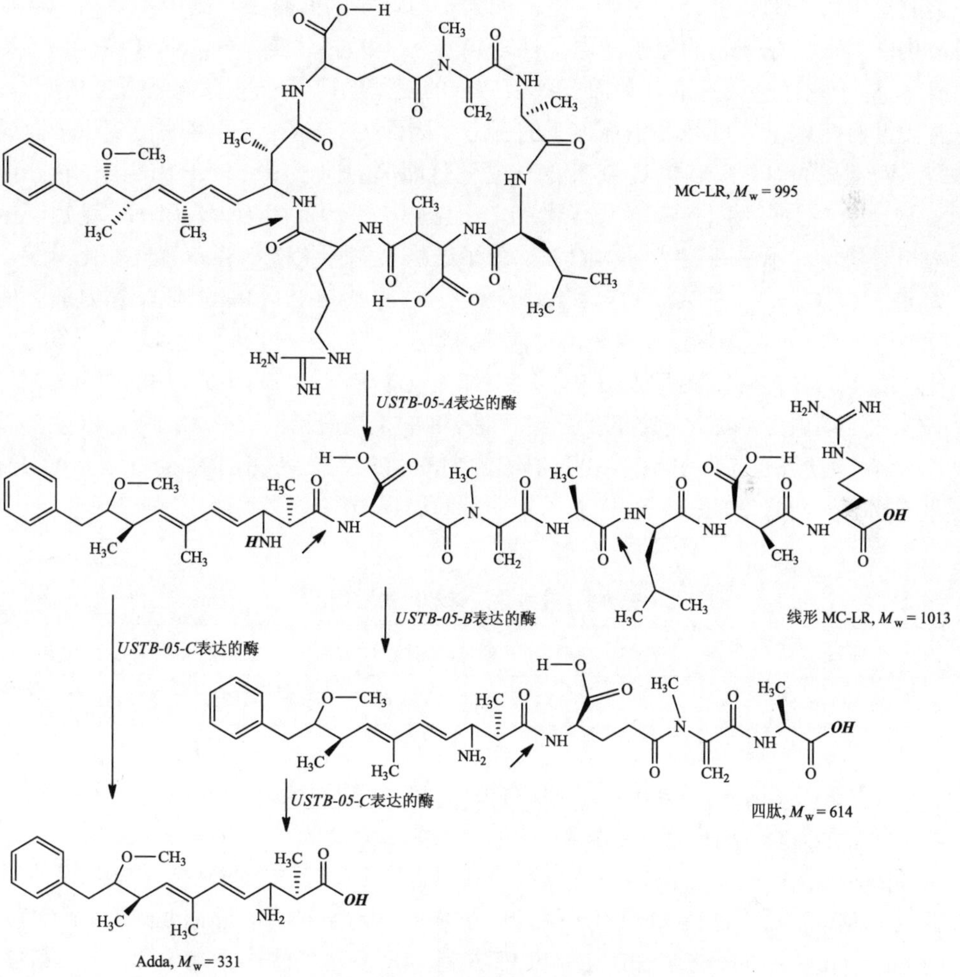

图 7-8　USTB-05 菌降解 MC-LR 的途径

短箭头所指为肽键断裂位置；分子结构中所加的氢和羟基用黑斜体表示

对降解途径的分子机理，需要从两方面分析：①降解产物的结构；②降解酶的酶学性质。

MC-LR 由于具有单环结构，分子结构非常稳定，不宜直接进入 UST-05 菌细胞中被利用。而在 *USTB-05-A* 基因所编码的蛋白序列第 26 位、第 27 位之间有一信号肽活性位点，此位点显示该酶能被分泌到细胞周质空间，把稳定的环状 MC-LR 水解成易于进入细胞核的线形产物。由于推测 *USTB-05-A* 基因所表达的蛋白属于金属蛋白酶类，其活性中心在序列的 HEXXH 位置，故其具有金属蛋白酶的催化降解特性。因为分子内许多化学键中弱键（或键能值低的键）最先断裂，并引发一系列后续过程，最后形成比较强的键或键能值比较高、更稳定、性能不同的分子。生物有机分子中化学键能的大小与许多因素有关，其中主要的因素是被化学键连接在一起的原子间电负性差异（表 7-9）。肽键（—HN—CO—）中 C 或 N 的一端连有很长的其他原子（大部分的氨基酸以 C—N 肽键组成蛋白质），它们都有配电子，可减弱争夺电子的引力，因而 C—N 键长，容易受到攻击而断裂。而常规的 C—N 键中 C 或 N 的一端就是简单的原子组合，C 中的电子转移至 N 中，争夺力充足并受其他原子上的电子影响小，因而引力大，C—N 键短，结构相对稳定，不易断裂[132]。MC-LR 分子结构右侧环状链中存在着较多化学键，如 C—N、C—C、C—O、C＝O 以及 C＝C 等。其中 Adda 基团与精氨酸之间肽键中的 C—N 两端均连接着极不对称结构分子，造成 C—N 极易受到攻击而发生断裂。故 USTB-05 菌降解 MC-LR 的第一步是 *USTB-05-A* 基因所表达的酶首先断开 MC-LR 结构中 Adda-Arg 之间的肽键（图 7-8 中箭头所指部位），将环状 MC-LR 首先水解成线形 MC-LR（**H-HN-Adda-D-Glu-Mdha-D-Ala-L-Leu-D-Masp-L-Arg-OH**），即产物 A，同时增加一个水分子，分子量增加到 1013。

表 7-9　某些化学键的平均键能[132]

化学键	C—H	O—H	C—C	C—O	H—N	C—N	C＝O	C＝C
平均键能/（kJ/mol）	98	110	80	78	103	65	187(2×93.5)	145 (2×93.5)

USTB-05-B 基因与 *mlrB* 基因具有很高的相似性，根据 Bourne 等报道，MlrB 属于丝氨酸羧肽酶中与青霉素有关的酶，推测 *USTB-05-B* 基因所表达的酶也属于该类酶。这类酶有一个共同的特点是能利用含有 D-氨基酸的多肽，故其能催化水解线形 MC-LR 中的 D-Ala-L-Leu 肽键，生成四肽（Adda-D-Glu-Mdha-D-Ala-OH）。由 4.6 节蛋白序列分析可知，*USTB-05-B* 基因所表达的酶序列在第 21 位与第 22 位有信号肽活性位点存在，故其也是分泌酶，能被分泌到细胞周质空间进行催化降解反应，把大分子产物进一步分解成小分子产物，使小分子产物更容易进入细

胞体内。但在 MlrB 序列中未发现有信号肽活性位点，因此不能被分泌到细胞周质空间中。故初步推测此即为 USTB-05 菌具有高效降解 MC-LR 的原因之一。

USTB-05-C 基因所表达的酶与 MlrC 具有较高的相似性，也属于金属蛋白酶。该酶是一种新奇的酶，它不但能催化降解线形的 MC-LR，同时也能催化降解四肽（Adda-D-Glu-Mdha-D-Ala-OH）。但是这两种物质被降解有一共同之处，都是在 Adda 与 Glu 之间的肽键断裂而被降解。由此说明：①*USTB-05-C* 基因所表达的酶识别 Adda-Glu 肽键；②线形 MC-LR 的空间结构与四肽（Adda-D-Glu-Mdha-D-Ala-OH）的基本一致。

由图 7-8 可知，USTB-05 菌降解 MC-LR 途径的第一步可以确定，即环状的 MC-LR 首先被由基因 *USTB-05-A* 所表达的酶水解线形的 MC-LR。但是此后，线形的 MC-LR 究竟是先由 *USTB-05-B* 所表达的酶水解，还是先由 *USTB-05-C* 所表达的酶水解，或者是两者同时进行，需要进一步研究确定。因 MCs 的其他类型（如 MC-RR 及 MC-YR 等）与 MC-LR 具有相似的分子结构，故推测其他类型的 MCs 生物降解途径和分子机理与 MC-LR 类似，故本章所获得的降解途径与分子机理具有广泛性。

7.4 本章小结

通过重组酶依次催化降解标准品 MC-LR 的实验及对降解产物的质谱分析，推测了 USTB-05 催化降解 MC-LR 的途径。取得主要结果如下：

（1）产物 A 质谱在质荷比为 m/z 1013.6 和 m/z 862.5 处出现了 2 个明显的峰。分析可知，m/z 1013.6（$[M+H]^+$）处的离子峰比 MC-LR 在 995.6 处的离子峰质荷比大 18，为一个水分子的分子量，确定产物 A 为线形 MC-LR。

（2）产物 B 的质荷比为 m/z 615.3，相当与从线形 MC-LR 上丢失 Arg-Masp-Leu，判断产物 B 的结构式是 Adda-Glu-Mdha-Ala-OH。

（3）由于产物 C 和产物 D 在 HPLC 上的出峰时间和扫描图谱的一致，以及它们的质谱图的一致，确定两者为同一种产物。通过质谱分析，确定该产物为 Adda。

（4）USTB-05 菌降解 MC-LR 的途径是：第一步由基因 *USTB-05-A* 所表达的酶水解 Adda-Arg 肽键，把环状的 MC-LR（$M_w=995$）降解成线形的 MC-LR（$M_w=1013$）；MC-LR 开环后，线形 MC-LR 既能被基因 *USTB-05-B* 所表达的酶识别并水解线形的 MC-LR 中的 Ala-Leu 肽键，生成四肽产物（Adda-D-Glu-Mdha-D-Ala，$M_w=614$），也能被 *USTB-05-C* 所表达的酶识别水解其中的 Adda-Glu 肽键，生成产物 Adda；此外，*USTB-05-C* 所表达的酶还能识别并水解四肽（Adda-Glu-Mdha-Ala-OH）中的 Adda-Glu 肽键，生成产物 Adda（$M_w=331$）。MC-LR 降解的最终产物都是 Adda。

　　（5）MC-LR 的降解机理与降解酶的属性、产物的分子结构及其键能大小有关。在众多化学键中，C—N 键平均键能最小，更容易受到攻击而断裂。*USTB-05-A* 基因所表达的酶属于金属蛋白酶，能识别水解 Adda-Arg 肽键；*USTB-05-B* 基因所表达的酶属于丝氨酸羧肽酶，能识别水解 Ala-Leu 肽键；*USTB-05-C* 基因所表达的酶也属于金属蛋白酶，能识别水解 Adda-Glu 肽键。

第 8 章　结论与展望

8.1　主　要　结　论

本书围绕 1 株本实验室前期筛选得到的可高效降解 MC-LR 的鞘氨醇单胞菌 USTB-05 展开了研究。在对菌体及酶催化降解 MC-LR 特性研究的基础上，对 USTB-05 菌降解 MC-LR 的基因信息进行了研究，获取了完整降解基因序列并对其进行了功能特性分析。通过降解基因的克隆与表达、降解酶的活性验证、降解产物的定性分析及降解酶的酶学性质分析，推测了 USTB-05 菌降解 MC-LR 的途径与分子机理。所取得的主要结果如下：

（1）USTB-05 菌在有氧、温度 30℃、pH 为 7.0 的条件下对 MC-LR 的降解能力最强，能在 12 h 内可将初始浓度为 15.38 mg/L 的 MC-LR 完全降解。

（2）USTB-05 菌中至少有 3 种酶参与了 MC-LR 的降解过程。通过 USTB-05 菌降解 MC-LR 的完整基因序列开放阅读框的阅读，获得了 4 段降解基因：*USTB-05-A*、*USTB-05-B*、*USTB-05-C* 和 *USTB-05-D*。基因 *USTB-05-A*、*USTB-05-B* 和 *USTB-05-C* 分别与 *mlr* 基因簇中基因 *mlrA*、*mlrB* 和 *mlrC* 具有很高的同源性，所编译的对应蛋白序列也具有很高的相似性，推测它们具有相同的降解 MC-LR 的功能。

（3）分别对降解基因 *USTB-05-A*、*USTB-05-B* 和 *USTB-05-C* 进行了成功克隆，构建了 3 株含有降解基因的重组菌（重组菌 A、重组菌 B 和重组菌 C）。所构建的重组菌在 IPTG 浓度 0.1 mmol/L、温度 30℃和诱导时间 3 h 的条件下，目的蛋白能大量表达，但大部分以包涵体形式存在，少量为可溶性蛋白。并且 *USTB-05-A* 基因所表达的酶能催化降解 MC-LR，生成第一个降解产物 A；*USTB-05-B* 基因所表达的酶能催化降解产物 A，生成第二个降解产物 B，但不能直接降解 MC-LR；*USTB-05-C* 基因所表达的酶既能催化降解产物 B，也能降解产物 A，分别生成产物 C 和产物 D，但不能直接降解 MC-LR。通过在 HPLC 上出峰时间及紫外吸收图谱的一致性比较，初步判断产物 C 和产物 D 为同一种物质。

（4）对各降解产物进行了定性分析，推测 USTB-05 菌降解 MC-LR 的途径是：首先 *USTB-05-A* 基因所表达的酶打开 MC-LR 结构中 Adda 与精氨酸之间的肽键，通过增加一个水分子而将环状 MC-LR 水解成线形 MC-LR（H-HN-Adda-D-Glu-Mdha-D-Ala-L-Leu-D-Masp-L-Arg-OH，M_w=1013）；MC-LR 开环后，线形 MC-LR

既能被 *USTB-05-B* 基因所表达的酶识别并水解其中的 Ala-Leu 肽键，生成四肽产物（Adda-D-Glu-Mdha-D-Ala，M_w=614），也能被 *USTB-05-C* 基因所表达的酶识别水解其中的 Adda-Glu 肽键，生成产物 Adda（M_w=331）；此外，*USTB-05-C* 基因所表达的酶还能识别并水解四肽（Adda-Glu-Mdha-Ala-OH）中的 Adda-Glu 肽键，生成产物 Adda。MC-LR 降解的最终产物都是 Adda。MC-LR 的降解机理与降解酶的属性、产物的分子结构及其键能大小有关。

8.2　主要创新点

（1）通过生物技术手段，成功获取了鞘氨醇单胞菌 USTB-05 降解 MC-LR 的完整基因序列信息。

（2）成功对 USTB-05 菌所参与降解 MC-LR 的基因进行了克隆，并成功表达出具有较高生物活性的重组酶。

（3）用重组酶依次催化降解 MC-LR 及其产物，并通过 UPLC-Q-Tof 液相质谱联用仪对各个降解产物进行定性分析，推测及分析了鞘氨醇单胞菌 USTB-05 菌降解 MC-LR 的途径及分子机理。

8.3　展　　望

本书在菌体降解及酶催化降解 MC-LR 特性研究的基础上，成功克隆与表达了参与降解的三段基因（*USTB-05-A*、*USTB-05-B*、*USTB-05-C*），通过降解酶活性验证及降解产物的定性分析，推测了鞘氨醇单胞菌 USTB-05 降解 MC-LR 的途径和分子机理，取得了初步的重要成果。但以下方面还有待于进一步研究：

（1）由于检测手段的局限性，目前还不能全部检测出反应体系中所有的降解产物并对其定性分析，故今后在产物的检测手段方面仍需要改进。

（2）目前，对于降解酶酶学性质方面的研究还处于初步阶段，今后需要在降解酶的类型、空间结构及活性位点等方面需要做深入研究，从而进一步研究分析MC-LR 降解途径的分子机理。

参 考 文 献

[1] Carmichael W W. Toxins of cyanobacteria[J]. Scientific American，1994，270（1）：78-86.

[2] 顾岗. 太湖蓝藻暴发原因及其控制措施[J]. 上海环境科学，1996，15（12）：10-11.

[3] 沈建国. 微囊藻毒素的污染状况、毒性机理和检测方法[J]. 预防医学情报杂志，2001，17（1）：10-11.

[4] 张维昊，徐晓清，丘昌强. 水环境中微囊藻毒素研究进展[J]. 环境科学研究，2001，14（2）：57-61.

[5] 邓义敏. 滇池水体中微囊藻毒素的研究[J]. 云南环境科学，2000，19（增刊）：117-119.

[6] 连民，陈传炜，俞顺章，等. 淀山湖夏季微囊藻毒素分布状况及其影响因素[J]. 中国环境科学，2000，20（4）：323-327.

[7] 董传辉，俞顺章，陈刚，等. 江苏几个地区与某湖周围水厂不同类型水微囊藻毒素调查[J]. 环境与健康杂志，1998，3：111-113.

[8] 孟玉珍，张丁，王兴国，等. 郑州市水源水藻类和藻类毒素污染调查[J]. 卫生研究，1999，2：100-101.

[9] 刘元波，陈伟明，范成新，等. 太湖梅梁湾藻类生态模拟与蓝藻水华治理对策分析[J]. 湖泊科学，1998，10（4）：53-60.

[10] Guo L. Doing battle with the Green Monster of Taihu Lake[J]. Science，2007，317（5842）：1166.

[11] Haider S，Naithani V，Viswanathan P N，et al. Cyanobacterial toxins：A growing environmental concern[J]. Chemosphere，2003，52：1-21.

[12] Li Y H，Wang Y，Yin L H，et al. Using the nematode *Caenorhabditis elegans* as a model animal for assessing the oxicity induced by microcystin-LR[J]. Journal of Environmental Sciences-China，2009，21：395-401.

[13] 俞顺章，赵宁，资晓林，等. 饮用水微囊藻毒素与我国原发性肝癌关系的研究[J]. 中华肿瘤杂志，2001，23（2）：96-99.

[14] Bas W I，Ingrid C. Accumulation of cyanobacterial toxins in freshwater ''seafood'' and its consequences for public health：A review[J]. Environmental Pollution，2007，150：177-192.

[15] Brittain S，Mohamed Z A，Wang J，et al. Isolation and characterization of microcystins from a River Nile strain of *Oscillatoria tenuis* Agardh ex Gomont[J]. Toxicon，2000，38（12）：1759-1771.

[16] Falconer I R. Toxic cyanobacterial bloom problems in Australian waters：Risks and impacts on human health[J]. Phycologia，2001，40（3）：228-233.

[17] Williams D E，Dawe S C，Kent M L，et al. Bioaccumulation and clearance of microcystins from salt water mussels，*Mytilus edulis* and *in vivo* evidence for covalently bound microcystins in

mussel tissues[J]. Toxicon，1997，35（11）：1617-1625.

[18] Chow C W K，Drikas M，House J，et al. The impact of conventional water treatment processes on cells of the cyanobacterium microcystis aeruginosa[J]. Water Research，1999，33（15）：3253-3262.

[19] Bell S G，Cocld G A. Cyanobacterial toxins and human health[J]. Reviews in Medical Microbiology，1994，5（4）：256-264.

[20] de Figueiredo D R，Azeiteiro U M，Esteves S M，et al. Microcystin-producing blooms-a serious global public health issue[J]. Ecotoxicology and Environmental Safety, 2004, 59（2）：151-163.

[21] Botes D P，Kruger H，Viljoin C C. Isolation and characterization of four toxins from the blue-green alga *Microcystis aeruginosa*[J]. Toxicon，1982，20（6）：945-954.

[22] Hoeger S J，Hitzfeld B C，Dietrich D R. Occurrence and elimination of cyanobacterial toxins in drinking water treatment plants[J]. Toxicology and Applied Pharmacology，2005，203（3）：231-242.

[23] Rapala J，Sivonen K，Lyra C，et al. Variation of microcystins，cyanobacterial hepatotoxins，in *Anabaena* spp. as a function of growth stimulation[J]. Applied and Environmental Microbiology，1997，63（7）：2206-2212.

[24] Rapala J，Sivonen K. Assessment of environmental conditions that favor hepatotoxic and neurotoxic *Anabaena* spp. strains cultured under light limitation at different temperatures[J]. Microbial Ecology，1998，36（2）：181-192.

[25] Matthiensen A，Beattie K A，Yunes J S，et al.[D-Leu] Microcystin-LR，from the cyanobacterium microcystis RST 9501 and from a microcystis bloom in the patos lagoon Estuary，Brazil[J]. Phytochemistry，2000，55：383-387.

[26] Hanna M，Marcin P. Stability of cyanotoxins，microcystin-LR，microcystin-RR and nodularin in seawater and BG-11 medium of different salinity[J]. Oceanology，2001，43（3）：329-339.

[27] Sivonen K. Effects of light，temperature，nitrate，orthophosphate and bacteria on growth of and hepatotoxin production by *Oscillatoria agardhii* strains[J]. Applied and Environmental Microbiology，1990，56：2658-2666.

[28] Park H，Iwami C，Watanabe M F，et al. Temporal variabilities of the concentrations of Intra-extracellular microcystin and toxic *Microcystis* species in a hypertrophic lake，Lake Suwa，Japan（1991-1994）[J]. Environmental Toxicology and Water Quality，1998，13：61-72.

[29] 闫海. 微囊藻毒素的产生与生物降解[D]. 北京：中国科学院研究生院，2002.

[30] 韩志国，武宝轩，郑解生，等. 淡水水体中的蓝藻毒素研究进展[J]. 暨南大学学报，2001，22（3）：129-135.

[31] Kaebernick M，Neilan B A. Ecological and molecular investigations of cyanotoxin production[J]. FEMS Microbiology Ecology，2001，35：1-9.

[32] Rivasseau C，Martins S，Hennion M C. Determination of some physiochemical parameters of microcystins（cyanobacterial toxins）and trace level analysis in environmental samples using liquid chromatography[J]. Journal of Chromatography A，1998，799：155-169.

[33] Maagd G，Hendriks J，Sijm D，et al. pH-dependent hydrophobicity of the cyanobacteria toxin microcystin LR[J]. Water Research，1999，33（5）：677-680.

[34] Tsuji K T，Watanuki F. Stability of microcystins from cyanobacteria-IV：Effect of chlorination on decomposition[J]. Toxicon，1997，35（7）：1033-1041.

[35] Duy T N，Lam P K S，Shaw G R. Toxicology and risk assessment of fresh water cyanobacterial （blue-green alage）toxins in water[J]. Reviews of Environmental Contamination and Toxicology，2000，163：113-186.

[36] Rositano J，Nicholson B，Pieronne P. Destruction of cyanobacterial toxins by ozone[J]. Ozone Science and Engineering，1998，20（3）：223-238.

[37] Iain L，Lawton L A，Cornish B，et al. Mechanistic and toxicity studies of the photocatalytic oxidation of microcystin-LR[J]. Journal of Photochemistry and Photobiogy A：Chemistry. 2002，148：349-354.

[38] Lam A K Y，Fedorak P M，Prepas E E. Biotransformation of the cyanobacterial hepatotoxin，microcystin-LR，as determined by HPLC and protein phosphatase bioassay[J]. Environmental Science & Technology，1995，29（1）：242-246.

[39] Abdel-Rahman S，El-Ayouty Y M，Kamael H A. Characterization of heptapeptide toxins extracted from aeruginosa（*Egyptian isolate*）. Comparison with some synthesized analogs[J]. International Journal of Peptide and Protein Research，1993，41（1）：1-7.

[40] Abe T，Lawson T，Weyers J D B，et al. Microcystin-LR inhibits photosynthesis of Phaseolus vulgaris primary leaves：implications for current spray irrigation practice[J]. New Phytologist，1996，133（4）：651-658.

[41] Kurki-Helasmo K，Meriluoto J. Microcystin uptake inhibits growth and protein phosphatase activity in mustard（*Sinapis alba* L.）seedlings[J]. Toxicon，1998，36（12）：1921-1926.

[42] 李效宇,宋立荣,刘永定. 微囊藻毒素的产生、检测和毒理学研究[J]. 水生生物学报,1999，23（5）：517-523.

[43] 陈华，孙昌盛，胡志坚，等. 饮水微囊藻毒素污染促肝癌作用实验研究[J]. 中华肿瘤防治杂志，2002，9（5）：454-456.

[44] Azevedo S M F O，Carmichael W W，Jochimsen E M，et al. Human intoxication by microcystins during renal dialysis treatment in Caruaru-Brazil[J]. Toxicology，2002，181-182：441-446.

[45] WHO. Guidelines for Drinking Water Quality[M]. 3th ed. Geneva: World Health Organization，2004：407-408.

[46] Toivola D M，Goldman R D，Garrod D R，et al. Protein phosphatases maintain the organization and structural interactions of hepatic keratin intermediate filaments[J]. Journal of Cell Science，1997，110：23-33.

[47] Gácsi M，Antal O，Vasas G et al. Comparative study of cyanotoxins affecting cytoskeletal and chromatin structures in CHO-K1 cells[J]. Toxicology in Vitro，2009，23（4）：710-718.

[48] MacKintosh C，Beattie K A，Klumpp S，et al. Cyanobacterial microcystin-LR is a potent and specific inhibitor of protein phosphatases 1 and 2A from both mammals and higher plants[J]. FEBS Letters，1990，264（2）：187-192.

[49] Miura G A，Robinson N A，Lawrence W B，et al. Hepatotoxicity of microcystin-LR in fed fasted rates[J]. Toxicon，1991，29（3）：337-346.

[50] Milutinović A, Živin M, Zorc-Pleskovič R, et al. Nephrotoxic efects of chronic administration of microcystins-LR and-YR[J]. Toxicon, 2003, 42 (3): 281-288.

[51] Žegura B, Lah T L, Filipič M. The role of reactive oxygen species in microcystin-LR-induced DNA damage[J]. Toxicology, 2004, 200 (1): 59-68.

[52] Aon M A, Cortassa S, Maack C, et al. Sequential opening of mitochondrial ion channels as a function of glutathione redox thiol status[J]. Journal of Biological Chemistry, 2007, 282: 21889-21900.

[53] Fu W Y, Chen J P, Wang X M, et al. Altered expression of p53, Bcl-2 and bax induced by microcystin-LR *in vivo* and *in vitro*[J]. Toxicon, 2005, 46 (2): 171-177.

[54] Bossy-Wetzel E, Green D R. Apoptosis: Checkpoint at the mitochondrial frontier[J]. Mutation Research-DNA Repair, 1999, 434 (3): 243-251.

[55] Sueoka E, Sueoka N, Okabe S, et al. Expression of the tumor necrosis factor alpha gene and early response genes by nodularin, a liver tumor promoter, in primary cultured rat hepatocytes[J]. Journal of Cancer Research and Clinical Oncology, 1997, 123 (8): 413-419.

[56] Toivola D M, Eriksson J E. Toxins affecting cell signaling and alteration of cytoskeletal structure[J]. Toxicology in Vitro, 1999, 13 (4-5): 521-530.

[57] Harada K I, Suzuki M, Dahlem A M, et al. Improved method for purification of toxic peptides produced by cyanobacteria[J]. Toxicon, 1988, 26 (5): 433-439.

[58] Siegelman H W, Adams W H, Stoner R D, et al. Seafood toxins[C]. Washington: American Chemical Society, 1984: 407.

[59] Fastner J, Flieger I, Neumann U. Optimised extration of microcystins from field samples: A comparison of different solvents and procedures[J]. Water Research, 1998, 32(10): 3177-3181.

[60] Zhang W H, Zhang G M, Zhang X H, et al. The comparison of purification microcystins extractant[J]. Acta Scientiarum Naturalium Universitatis Sunyatseni, 2003, 42: 144-146.

[61] Lawton L A, Edwards C. Purification of microcystins[J]. Journal of Chromatography A, 2001, 912 (2): 191-209.

[62] Metcalf J S, Codd G A. Microwave oven and boiling waterbath extraction of hepatotoxins from cyanobacterial cells[J]. FEMS Microbiology Letters, 2000, 184 (2): 241-246.

[63] 闫海, 潘纲, 张明明, 等. 微囊藻毒素的提取和提纯研究[J]. 环境科学学报, 2004, 2: 355-359.

[64] 邓琳, 张维昊, 邓南圣, 等. 微囊藻毒素的提取与分析研究进展[J]. 重庆环境科学, 2003, 11: 177-180.

[65] 许敏, 赵以军, 程凯. 水华和赤潮的毒素及其检测与分析[J]. 湖泊科学, 2001, 13 (4): 376-384.

[66] 邓方, 万新军, 王小东. 富营养化水体中微囊藻毒素的检测方法研究进展[J]. 安徽农学通报, 2013, (16): 19-21, 34.

[67] 吴伟文, 杨左军, 顾浩飞, 等. 固丰甘微萃彩高教液相色谱法测定水中的微囊藻毒素[J]. 分析测试学报, 2007, 26 (4): 545-547.

[68] Dell Aversano C, Eaglesham G K, Quilliam M A. Analysis of cyanobaeterial toxins by hydruphilic interaction liquid chromatography-mass spectrometry[J]. Journal of Chromatography

A，2004，1028：155-164.

[69] Sano T，Nohara K，Shirai F，et al. A method for microdetection of total microcystin content in waterbloom of cyanobacteria（blue-green algae）[J]. Analytica Chimica Acta，1992，49：163-170.

[70] Kaya K，Sano T. Total microcystin determination using erythro-2-methy1-3-（methoxy-d3）-4-phenylbutyric acid（MMPB-d3）as the internal standard[J]. Analytica Chimica Acta，1999，386：107-112.

[71] Chu F S，Huang X，Wei R O. Enzyme-linked immunosorbent assay for microcystins in blue-green algal blooms[J]. Analytica Chimica Acta，1990，73（3）：451-456.

[72] 于虹漫，冷云. 浅谈蓝藻水华的危害与防治[J]. 北京水产，2004，1：29-30.

[73] Mohamed Z A. Alum and lime-alum removal of toxic and nontoxic phytoplankton from the Nile River Water：Laboratory study[J]. Water Resources Management，2001，15（4）：213-221.

[74] Carltle P. Further studies to investigate microcystin-LR and anatoxin-A removal from water[R]. UK：Foundation for Water Research，1994.

[75] Warhurst A M，Raggett S L，McConnachie G L，et al. Adsorption of the cyanobacterial hepatotoxin microcystin-LR by a low-cost activated carbon from the seed husks of the pan-tropical tree，*Moringa oleifera*[J]. Science of the Total Environment，1997，207（2-3）：207-211.

[76] Neumann U，Weckesser J. Elimination of microcystin peptide toxins from water by reverse osmosis[J]. Environmental Toxicology and Water Quality，1998，13（2）：143-148.

[77] Nicholson B C，Rositano J，Burch M D. Destruction of cyanobacterial peptide hepatotoxins by chlorine and chloramine[J]. Water research，1994，28（6）：1297-1303.

[78] Hoeger S J，Dietrich D R，Hitzfeld B C. Effect of ozonation on the removal of cyanobacterial toxins during drinking water treatment[J]. Environmental Health Perspectives，2002，110（11）：1127-1132.

[79] Tsuji K，Watanuki T，Kondo F，et al. Stability of microcystins from cyanobacteria-II. Effect of UV light on decomposition and isomerization[J]. Toxicon，1995，33（12）：1619-1631.

[80] Welker M，Steinberg C. Indirect photolysis of cyanotoxins：One possible mechanism for their low persistence[J]. Water Research，1999，33（5）：1159-1164.

[81] Shephard G S，Stockenström S，Villiers D，et al. Photocatalytic degradation of cyanobacterial microcystin toxins in water[J]. Toxicon，1998，13（12）：1895-1901.

[82] Feitz A J，Walte T D，Jones G J，et al. Photocatalytic degradation of the blue green algal toxin microcystin-LR in a natural organic-aqueous matrix[J]. Environmental Science and Technology，1999，33（2）：243-249.

[83] 吴振斌，陈辉蓉，雷腊梅，等. 人工湿地系统去除藻毒素研究[J]. 长江流域资源与环境，2000，9（2）：138-247.

[84] 吕锡武，稻森悠平，丁国际. 有毒蓝藻及微囊藻毒素生物降解的初步研究[J]. 中国环境科学，1999，19（2）：138-140.

[85] 金丽娜，张维昊，郑利，等. 滇池水环境中微囊藻毒素的生物降解[J]. 中国环境科学，2002，22（2）：189-192.

[86] 周洁，何宏胜，闫海，等. 滇池底泥微生物菌群对微囊藻毒素的生物降解[J]. 环境污染治理技术与设备，2006，7（4）：30-34.

[87] Cousins I T，Bealing D J，James H A，et al. Biodegradation of microcystin-LR by indigenous mixed bacterial populations[J]. Water Research，1996，30（2）：481-485.

[88] Christoffersen K，Luck S，Winding A. Microbial activity and bacterial community structrue during degradation of microcystins[J]. Aquatic Microbial Ecology，2002，27（2）：125-136.

[89] Hyenstrand P，Rohrlack T，Beattie K A，et al. Laboratory studies of dissolved radiolabelled microcystin-LR in lake water[J]. Water Research，2003，37（14）：3299-3306.

[90] Inamori Y，Sugiura N，Iwami N，et al. Degradation of the toxic cyanobacterial Microcystins viridis using predaceous micro-animals combined with bacterial[J]. Physiological Research，1998，46（s2）：37-44.

[91] Lam A K Y，Prepas E E，Spink D，et al. Chemical control of hepatotoxic phytoplanton blooms：implications for human health[J]. Water Research，1995，29（8）：1845-1854.

[92] Jones G J，Orr P T. Release and degradation of microcystin following algicide treatment of a microcystis aeruginosa bloom in a recreational lake，as determined by HPLC and protein phosphatase inhibition assay[J]，Water Research，1994，28（4）：871-876.

[93] Takenaka S，Watanabe M F. Microcystin LR degradation by Pseudomonas aeruginosa alkaline protease[J]. Chemosphere，1997，34（4）：749-757.

[94] Park H D，Sasaki Y，Maruyama T，et al. Degradation of the cyanobacterial hepatotoxin microcystin by a new bacterium isolated from a hypertrophic lake[J]. Environmental Toxicology，2001，16（4）：337-343.

[95] Ishii H，Nishijima M，Abe T. Characterization of degradation process of cyanobacterial hepatotoxins by a gram-negative aerobic bacterium[J]. Water Research，2004，38（11）：2667-2676.

[96] Tsuji K，Asakawa M，Anzai Y，et al. Degradation of microcystins using immobilized microorganism isolated in an eutrophic lake[J]. Chemosphere，2006，65（1）：117-124.

[97] Saito T，Itayama T，Kawauchi Y，et al. Biodegradation of microcystin by aquatic bacteria[A]. 3 rd Int. Symp. Stragegies Toxic Algae Control Lakes Reserv. Establ. Int. Network[C]. Wuxi China：Chinese Research Academy of Environmental Sciences，2003：455-460.

[98] Valeria A M，Ricardo E J，Stephan P，et al. Degradation of Microcystin-RR by *Sphingomonas* sp. CBA4 isolated from San Roque reservoir（Cordoba-Argentina）[J]. Biodegradation，2006，17（5）：447-455.

[99] Ho L，Hoefel D，Saint C P，et al. Isolation and identification of a novel microcystin-degrading bacterium from a biological sand filter[J]. Water Research，2007，41（20）：4685-4695.

[100] 周洁，闫海，何宏胜. 食酸戴尔福特菌 USTB04 生物降解微囊藻毒素的活性研究[J]. 科学技术与工程，2006，2（6）：1671-1815.

[101] Wang J F，Wu P F，Chen J，et al. Biodegradation of microcystin-RR by a new isolated *Sphingopyxis* sp. USTB-05[J]. Chinese Journal of Chemical Engineering，2010，18（1）：108-112.

[102] 宦海琳，韩岚，李建宏，等. 五株微囊藻毒素降解菌的分离与鉴定[J]. 湖泊科学，2006，

18（2）：184-188.

[103] 刘海燕，宦海琳，汪育文，等. 微囊藻毒素降解菌 S3 的分子鉴定及其降解毒素的研究[J]. 环境科学学报，2007，27（7）：1145-1150.

[104] 苑宝玲，李艳波，赵艳琳，等. 高效藻毒素降解菌的筛选及其降解藻毒素的效能研究[J]. 福建师范大学学报（自然科学版），2005，21（3）：48-52.

[105] Chen J，Hu L B，Zhou W，et al. Degradation of microcystin-LR and RR by a *Stenotrophomonas* sp. strain EMS isolated from Lake Taihu，China[J]. International Journal of Molecular Sciences，2010，11（3）：896-911.

[106] Maruyama T，Kato K，Yokoyama A，et al. Dynamics of microcystin-degrading bacteria in mucilage of microcystins[J]. Microbial Ecology，2003，46（2）：279-288.

[107] Ou D，Song L，Gan N，et al. Effects of microcystins on and toxin degradation by *Poterioochromonas* sp.[J]. Environmental Toxicology，2005，20（3）：373-380.

[108] Lemes G A F，Kersanach R，Pinto L da S，et al. Biodegradation of microcystins by aquatic *Burkholderia* sp. from a South Brazilian coastal lagoon[J]. Ecotoxicology and Environmental Safety，2008，69（3）：358-365.

[109] Manage P M，Edwards C，Singh B K，et al. Isolation and identification of novel microcystin-degrading bacteria[J]. Applied and Environmental Microbiology，2009，75（21）：6924-6928.

[110] 王光云，吴涓，谢维，等. 微囊藻毒素降解菌的筛选、鉴定及其胞内粗酶液对藻毒素 MC-LR 的降解[J]. 微生物学报，2012，52（1）：96-103.

[111] 刘凯英，薛罡，程起跃，等. 微囊藻毒素-RR 高效降解菌的分离鉴定及降解特性[J]. 环境科学与技术，2012，35（4）：22-26.

[112] Jiang Y，Shao J，Wu X，et al. Active and silent members in the mlr gene cluster of a microcystin-degrading bacterium isolated from Lake Taihu，China[J]. FEMS Microbiology Letters，2011，322（2）：108-114.

[113] Eleuterio L，Batista J R. Biodegradation studies and sequencing of microcystin-LR degrading bacteria isolated from a drinking water biofilter and a fresh water lake[J]. Toxicon，2010，55（8）：1434-1442

[114] 苑宝玲，陈彩云，李云琴. 假单胞菌胞内酶粗提液降解藻毒素的研究[J]. 环境化学，2009，28（6）：854-858.

[115] 陈彩云，苑宝玲，李艳波，等. 假单胞菌降解藻毒素的效能及酶作用机理研究[J]. 水生生物学报，2009，33（5）：951-956.

[116] 王俊峰. 鞘氨醇单胞菌 USTB-05 降解微囊藻毒素 RR 第一个基因的克隆与表达[D]. 北京：北京科技大学，2011：104-105.

[117] Bourne D G，Riddles P，Jones G J，et al. Characterization of a gene cluster involved in bacterial degradation of the cyanobacterial toxin microcystin LR[J]. Environmental Toxicology，2001，16（6）：523-534.

[118] Saito T，Okano K，Park H D，et al. Detection and sequencing of the microcystin LR-degrading gene，*mlrA*，from new bacteria isolated from Japanese lakes[J]. FEMS Microbiology Letters，2003，229（2）：271-276.

[119] Shimizu K，Maseda H，Okano K，et al. How microcystin-degrading bacteria express microcystin degradation activity[J]. Lakes Reservoirs：Research & Management，2011，16（3），169-178.

[120] Shimizu K，Maseda H，Okano K，Kurashima T，et al. Enzymatic pathway for biodegrading microcystin LR in *Sphingopyxis* sp. C-1[J]. Journal of Bioscience and Bioengineering，2012，114（6）：630-634.

[121] Hashimoto E H，Kato H，Kawasaki Y，et al. Further investigation of microbial degradation of microcystin using the advanced marfey method[J]. Chemical Research in Toxicology，2009，22（2）：391-398.

[122] 徐亚同，史家梁，张明. 污染控制微生物工程[M]. 北京：化学工业出版社，2001：93-101.

[123] Bourne D G，Jones G J，Blakeley R L，et al. Enzymatic pathway for the bacterial degradation of the cyanobacterial cyclic peptide toxin microcystin LR[J]. Applied and Environmental Microbiology，1996，62（11）：4086-4094.

[124] Yan H，Wang H S，Wang J F，et al. Cloning and expression of the first gene for biodegrading microcystin LR by *Sphingopyxis* sp. USTB-05[J]. Journal of Environmental Sciences，2012，24（10）：1816-1822.

[125] Yan H，Wang J F，Chen J，et al. Characterization of the first step involved in enzymatic pathway for microcystin-RR biodegraded by *Sphingopyxis* sp. USTB-05[J]. Chemosphere，2012，87（1）：12-18.

[126] 何宏胜，闫海，周洁. 菌种筛选酶催化降解微囊藻毒素的特点[J]. 环境科学，2006，6（27）：1171-1175.

[127] 吴鹏飞. 高效降解微囊藻毒素菌株的筛选与分子生物学鉴定[D]. 北京：北京科技大学，2009.

[128] 吴鹏飞，王俊峰，陈建，等. 微囊藻毒素降解菌的分子鉴定和特性研究[J]. 环境科学与技术，2010，33（8）：6-10.

[129] 林文莲，吕红，周集体，等. 鞘氨醇单胞菌完整细胞对溴氨酸的好氧降解[J]. 环境科学与技术，2007，30（6）：32-34.

[130] Bradford M M. A rapid and sensitive method for the quantification of microgram quantities of protein utilizing the principle of protein-dye binding[J]. Analytical Biochemistry，1972，72（1-2）：248-254.

[131] McElhiney J，Lawton L A. Detection of the cyanobacterial hepatotoxins microcystins[J]. Toxicology and Applied Pharmacology，2005，203（3）：219-230.

[132] 北京大学生命科学学院编写组. 生命科学导论[M]. 北京：高等教育出版社，2000.

附录 A USTB-05 菌降解 MC-LR 完整基因序列信息[*]

```
  1  CTAGGCTGAA AAGTCGACAG GCTCGAATGG CCACATCGGC CGGGAGCGCT
       GATCCGACTT TTCAGCTGTC CGAGCTTACC GGTGTAGCCG GCCCTCGCGA
    -1
 51  TGTGATAGTG ACGGATGGAC GACTGCTGGC TCGAAGCGAC GTAGATCACA
       ACACTATCAC TGCCTACCTG CTGACGACCG AGCTTCGCTG CATCTAGTGT
    -1
101  CTGCGCCCCA TGTCCCCGAA ACCGATTCTC CACTGCTCGG ACGACTTTAC
       GACGCGGGGT ACAGGGGCTT TGGCTAAGAG GTGACGAGCC TGCTGAAATG
    -1
151  GGCAACGTAG CGCTTTTTCG CAGGTTCGAC ACCGACCGCC CGGAACATCT
       CCGTTGCATC GCGAAAAAGC GTCCAAGCTG TGGCTGGCGG GCCTTGTAGA
    -1
201  CGGGACCGTA GCACTGGTCC CGAATCTCGC TGACGATGAT GTCGAGACCG
       GCCCTGGCAT CGTGACCAGG GCTTAGAGCG ACTGCTACTA CAGCTCTGGC
    -1
251  CCAGTACTAA TGCAAACGAC ACGTCCCAGG GGCGGCCGGG AACCCTGCAG
       GGTCATGATT ACGTTTGCTG TGCAGGGTCC CCGCCGGCCC TTGGGACGTC
    -1
301  GTTTTGGGTG ACATTCTTGG CAAGCCCTGT GATTTTGCCG CGAACGTCGA
       CAAAACCCAC TGTAAGAACC GTTCGGGACA CTAAAACGGC GCTTGCAGCT
    -1
351  GAGGCAGCCC GGATGCCTCG CCGACCTTGC CACCGACACG CAGCGAAAAA
       CTCCGTCGGG CCTACGGAGC GGCTGGAACG GTGGCTGTGC GTCGCTTTTT
    -1
401  TCGGCACCAA GGCCCGCTTC AAAGGCCAAT CGTACTGCGA GAGGATCCCA
       AGCCGTGGTT CCGGGCGAAG TTTCCGGTTA GCATGACGCT CTCCTAGGGT
    -1
451  TATCGGACCA ATGCATGCCG GGATCAGTGC ATTATCCAAC ATCGCCCGGG
       ATAGCCTGGT TACGTACGGC CCTAGTCACG TAATAGGTTG TAGCGGGCCC
    -1
501  CCAATGCCAT ATTGTCACCC GAAGCCCCAC CGCCGGGATT GTCCGAACTA
       GGTTACGGTA TAACAGTGGG CTTCGGGGTG GCGGCCCTAA CAGGCTTGAT
    -1
551  TCGACCAAAA TTACGGGAAA AGCGGTCGCA GCCTTGGCAA GCTCGATATC
       AGCTGGTTTT AATGCCCTTT TCGCCAGCGT CGGAACCGTT CGAGCTATAG
    -1
601  GGCCGCAAAG CTTCGCTCTG GGCCGTTACC TTTCATGATC GGAGCCATCG
       CCGGCGTTTC GAAGCGAGAC CCGGCAATGG AAAGTACTAG CCTCGGTAGC
    -1
651  CTTGGTATCG GCGAGCAAAG TCTTGTGCGA TCGACGCTGC AGCCGGCTGG
       GAACCATAGC CGCTCGTTTC AGAACACGCT AGCTGCGACG TCGGCCGACC
    -1
701  TCATTGTTGG TATAGATCAG CACTTTCGAC CCCATGCGCG CTACATCGCC
       AGTAACAACC ATATCTAGTC GTGAAAGCTG GGGTACGCGC GATGTAGCGG
    -1
751  CGCACGAAAG CCTTGGATCA GTGAGCGGAA AAGGACTTCC CCTCGCCGCT
       GCGTGCTTTC GGAACCTAGT CACTCGGCCT TTCCTGAAGG GGAGCGGCGA
    -1
```

---

* 图中箭头方向为基因编码方向。

```
 801  CGCGCTCGAT CAGCTCTGCG ACCAAGTCCT TCATCGGTGA CGACTGCGTC
      GCGCGAGCTA GTCGAGACGC TGGTTCAGGA AGTAGCCACT GCTGACGCAG
      -1
 851  GTCAATCCGC CGACCATCCG GCAGTCGAAC AGGCTTGAGG TCGGCCTGAT
      CAGTTAGGCG GCTGGTAGGC CGTCAGCTTG TCCGAACTCC AGCCGGACTA
      -1
 901  CTCGCCCGCA CGGACTCTCT CGAGCAAATC GAGAAGATCG CGCGCGCGCT
      GAGCGGGCGT GCCTGAGAGA GCTCGTTTAG CTCTTCTAGC GCGCGCGCGA
      -1
 951  CGACATAGTC CGTATGCGGA TAATATTTGA ACGCCACAAT GACATCGGCA
      GCTGTATCAG GCATACGCCT ATTATAAACT TGCGGTGTTA CTGTAGCCGT
      -1
1001  GCGCGGACCA TTCGCGGCGA CAAGTGAGCG TGAAGATCAA GCTCAGCCCC
      CGCGCCTGGT AAGCGCCGCT GTTCACTCGC ACTTCTAGTT CGAGTCGGGG
      -1
1051  TAGCGCTACA TCTGGCCCGA CAATCGCCCG GGCACGCTCG AGAAGGTCCG
      ATCGCGATGT AGACCGGGCT GTTAGCGGGC CCGTGCGAGC TCTTCCAGGC
      -1
1101  CCTCGCACTC GTCCTCCCCG AAGGCAAGCA TTGCGCCGTG TAAACCGAAA
      GGAGCGTGAG CAGGAGGGGC TTCCGTTCGT AACGCGGCAC ATTTGGCTTT
      -1
1151  GCCACGATAT CCACCGGCAT TGCCCGTCGC AGTTGATCGA GGATCTCGTC
      CGGTGCTATA GGTGGCCGTA ACGGGCAGCG TCAACTAGCT CCTAGAGCAG
      -1
1201  GCGCAGCAGT TGGTAGGCTT GCGCGCTGAC CGGACCACCC GGCATGGCGA
      CGCGTCGTCA ACCATCCGAA CGCGCGACTG GCCTGGTGGG CCGTACCGCT
      -1
1251  AGGCACAGGT TCCCTCGATG ACCTCGTAGC GTCCCTCGCG GGCACGCTCT
      TCCGTGTCCA AGGGAGCTAC TGGAGCATCG CAGGGAGCGC CGGTGCGAGA
      -1
1301  CGAGCGGCCC AAAGCGGTCC GGTCGCCTCG GTTGCGAAAT CCGGGTGCTC
      GCTCGCCGGG TTTCGCCAGG CCAGCGGAGC CAACGCTTTA GGCCCACGAG
      -1
1351  TCCGGGGCGC CAGAGCATCG TCGCCTGGAA TGCATCCAGT CCGGTTGGCA
      AGGCCCCGCG GTCTCGTAGC AGCGGACCTT ACGTAGGTCA GGCCAACCGT
      -1
1401  AGGGTGAGAA TGAATTCGTC TCGGTGCCGA AGGTCGCCAC AAACACGCGC
      TCCCACTCTT ACTTAAGCAG AGCCACGGCT TCCAGCGGTG TTTGTGCGCG
      -1
1451  AACCCTCGAC CCAGCAGGGT TGCACCTGTC GCCTTCGATC CAGCCATCGA
      TTGGGAGCTG GGTCGTCCCA ACGTGGACAG CGGAAGCTAG GTCGGTAGCT
      -1
1501  CAATATGCCT CCCATCAATG TTCGACGATC AAGCATAACA CGAGTCTTCG
      GTTATACGGA GGGTAGTTAC AAGCTGCTAG TTCGTATTGT GCTCAGAAGC
      -1
1551  GTTTGATGTT GTTCGCAGCA AGCCGCTGCA TCTCCATCTC ATAGATCAAC
      CAAACTACAA CAAGCGTCGT TCGGCGACGT AGAGGTAGAG TATCTAGTTG
      -1
1601  CGAACGGACA GTCAATTCTT GTTGACCGTC TCGGGTCGAT CTGAAATGTT
      GCTTGCCTGT CAGTTAAGAA CAACTGGCAG AGCCCAGCTA GACTTTACAA
```

```
      +1
                          ┃
 1651 AGCTGAAAGG AACGGGAGAA TTGAATCATG CGGGAGTTTG TCAAACAGCG
      TCGACTTTCC TTGCCCTCTT AACTTAGTAC GCCCTCAAAC AGTTTGTCGC
      +1
 1701 ACCTTTGCTC TGCTTCTATG CGTTGGCGAT CCTGATCGCT CTCGCGGCCC
      TGGAAACGAG ACGAAGATAC GCAACCGCTA GGACTAGCGA GAGCGCCGGG
      +1
 1751 ATGCGCTACG CGCGATGAGC CCGACTCCGC TCGGCCCGAT GTTCAAGATG
      TACGCGATGC GCGCTACTCG GGCTGAGGCG AGCCGGGCTA CAAGTTCTAC
      +1
 1801 CTGCAAGAGA CGCACGCTCA CCTCAACATT ATTACCGCTG TCAGGTCCAC
      GACGTTCTCT GCGTGCGAGT GGAGTTGTAA TAATGGCGAC AGTCCAGGTG
      +1
 1851 GTTCGAGTAT CCGGGAGCCT ATACGCTTTT GCTGTTTCCG GCCGCCCCAA
      CAAGCTCATA GGCCCTCGGA TATGCGAAAA CGACAAAGGC CGGCGGGGTT
      +1
 1901 TGTTCGCGGC TCTTATCGTA ACCGGTATCG GCTATGGGCG TGCAGGATTT
      ACAAGCGCCG AGAATAGCAT TGGCCATAGC CGATACCCGC ACGTCCTAAA
      +1
 1951 CGTGAACTGC TGAGCCGCTG CGCCCCGTGG CGATCGCCTG TTTCCTGGCG
      GCACTTGACG ACTCGGCGAC GCGGGGCACC GCTAGCGGAC AAAGGACCGC
      +1
 2001 TCAGGGCGTT ACTGTCATAG CTGTGTGTTT CCTTGCGTTC TTCGCGCTCA
      AGTCCCGCAA TGACAGTATC GACACACAAA GGAACGCAAG AAGCGCGAGT
      +1
 2051 CAGGAATTAT GTGGGTTCAG ACATTCATCT ACGCTCCGCC TGGTACGCTT
      GTCCTTAATA CACCCAAGTC TGTAAGTAGA TGCGAGGCGG ACCATGCGAA
      +1
 2101 GATCGCACCT TCCTGCGCTA TGGGTCAGAT CCCCTCGCTA TTTATGCGAT
      CTAGCGTGGA AGGACGCGAT ACCCAGTCTA GGGGAGCGAT AAATACGCTA
      +1
 2151 GTTGGCAGCA TCTCTGCTAC TCAGCCCTGG CCCACTGCTC GAAGAACTGG
      CAACCGTCGT AGAGACGATG AGTCGGGACC GGGTGACGAG CTTCTTGACC
      +1
 2201 GCTGGCGCGG CTTTGCGCTG CCGCAGCTCC TCAAGAAGTT TGACCCTCTG
      CGACCGCGCC GAAACGCGAC GGCGTCGAGG AGTTCTTCAA ACTGGGAGAC
      +1
 2251 GCCGCAGCGG TGATCCTCGG CCTCATGTGG TGGGCTTGGC ATTTGCCGCG
      CGGCGTCGCC ACTAGGAGCC GGAGTACACC ACCCGAACCG TAAACGGCGC
      +1
 2301 CGACTTGCCG ACGCTGTTCT CCGGCGAACC TGGCGCGGCC TGGGGCGTTA
      GCTGAACGGC TGCGACAAGA GGCCGCTTGG ACCGCGCCGG ACCCCGCAAT
      +1
 2351 TCGTCAAGCA ATTCGTTATC ATTCCGGGGT TCATTGCCGG CACCATCATC
      AGCAGTTCGT TAAGCAATAG TAAGGCCCCA AGTAACGGCC GTGGTAGTAG
      +1
 2401 GCTGTCTTCG TATGCAACAA GCTCGGCGGA TCGATGTGGG GTGGCGTGCT
      CGACAGAAGC ATACGTTGTT CGAGCCGCCT AGCTACACCC CACCGCACGA
```

```
        +1
        ────────────────────────────────────────────────────
2451  CATTCACGCG ATCCATAACG AACTGGGCGT AAACGTCACT GCCGAATGGG
      GTAAGTGCGC TAGGTATTGC TTGACCCGCA TTTGCAGTGA CGGCTTACCC
        +1
        ────────────────────────────────────────────────────
2501  CTCCAACGGT TGCAGGGCTT GGGTGGCGCC CTTGGGATTT GGTCGAATTC
      GAGGTTGCCA ACGTCCCGAA CCCACCGCGG GAACCCTAAA CCAGCTTAAG
        +1
        ────────────────────────────────────────────────────
2551  GCCGTGGCCA TTGGGCTCGT CCTGATTTGT GGAAGGAGCC TTGGTGCCGC
      CGGCACCGGT AACCCGAGCA GGACTAAACA CCTTCCTCGG AACCACGGCG
        +1
        ────────────────────────────────────────────────────
2601  ATCTCCTGAC AATGCGCGAT TGGCTTGGGG CAACGTGCCG CCAAAGCTGC
      TAGAGGACTG TTACGCGCTA ACCGAACCCC GTTGCACGGC GGTTTCGACG
        +3                                            ┣━━━━━━━
        +1
        ──────────────────────────────────────────→
2651  CGGGCGTAGC GACTGACAAG TCCGGCGCGA ACGCGTGAGC AACATGTCCC
      GCCCGCATCG CTGACTGTTC AGGCCGCGCT TGCGCACTCG TTGTACAGGG
        +3
        ────────────────────────────────────────────────────
2701  GGTGGGTTCC GAAAACATTT CGGGATCACC CAGCGGTCTT ACTGCTGGCT
      CCACCCAAGG CTTTTGTAAA GCCCTAGTGG GTCGCCAGAA TGACGACCGA
        +3
        ────────────────────────────────────────────────────
2751  GCGACGGAAA TGTGGGAGGC CTTCTCCTAT GTCGGGCTCA GAACCGTACT
      CGCTGCCTTT ACACCCTCCG GAAGAGGATA CAGCCCGAGT CTTGGCATGA
        +3
        ────────────────────────────────────────────────────
2801  GGTCTACTAC CTTACGCAGG ACCTGGGCTA TTCGACCGAG GACGCCTCAC
      CCAGATGATG GAATGCGTCC TGGACCCGAT AAGCTGGCTC CTGCGGAGTG
        +3
        ────────────────────────────────────────────────────
2851  TTATCTATGG GACGTTCCTC GGCGTAGCCT ATGTAACGCC AATCCTAGGT
      AATAGATACC CTGCAAGGAG CCGCATCGGA TACATTGCGG TTAGGATCCA
        +3
        ────────────────────────────────────────────────────
2901  GGGTGGATCG CCGATAGGTT TATTGGCCGA TCGGCGGCAA TTGTCGGTGG
      CCCACCTAGC GGCTATCCAA ATAACCGGCT AGCCGCCGTT AACAGCCACC
        +3
        ────────────────────────────────────────────────────
2951  CGCATTGCTG AAGATGGCCG GGTACATCGG CCTTTTGTTT GGCGCGAACG
      GCGTAACGAC TTCTACCGGC CCATGTAGCC GGAAAACAAA CCGCGCTTGC
        +3
        ────────────────────────────────────────────────────
3001  TTACGGGCTG CCTCGCCGCA ATTGTCATTG GCAATGGCCT GTTTCTTCCA
      AATGCCCGAC GGAGCGGCGT TAACAGTAAC CGTTACCGGA CAAAGAAGGT
        +3
        ────────────────────────────────────────────────────
3051  ACTCTGCCCG CTACGCTGGG TGCTCTTTTC TCGCCGAACG ACCCCGATCG
      TGAGACGGGC GATGCGACCC ACGAGAAAAG AGCGGCTTGC TGGGGCTAGC
        +3
        ────────────────────────────────────────────────────
3101  CCAGCGCAGT TTCAGCTTCT ACTATCTCGC AGTGAGCGCT GGTGCGCTGC
      GGTCGCGTCA AAGTCGAAGA TGATAGAGCG TCACTCGCGA CCACGCGACG
        +3
        ────────────────────────────────────────────────────
3151  TGGCACCGCT GATCTGCGGC ACGCTTGGAG AGAATTTCGG CTGGCGGTAC
      ACCGTGGCGA CTAGACGCCG TGCGAACCTC TCTTAAAGCC GACCGCCATG
        +3
        ────────────────────────────────────────────────────
3201  AGCTTCCTCG CTTCCGCTAC CGGGCTTGCA GCAGCCATCG TTATCTTTCT
      TCGAAGGAGC GAAGGCGATG GCCCGAACGT CGTCGGTAGC AATAGAAAGA
```

```
      +3
     ━━━━━━━━━━━━━━━━━━━━━━━━━━━━━━━━━━━━━━━━━━━━━━━━━━━━━━━━━━━━━━━━
3251  CGCCGGACGC CATCTTCTGC CTCCAGACCG ACCTGGAGCA GCGTCCCATC
      GCGGCCTGCG GTAGAAGACG GAGGTCTGGC TGGACCTCGT CGCAGGGTAG
      +3
     ━━━━━━━━━━━━━━━━━━━━━━━━━━━━━━━━━━━━━━━━━━━━━━━━━━━━━━━━━━━━━━━━
3301  TGGTCGACGA AACGCCGGTG GCGCAGGCGA GCCAGTCCGT CATCCCGCTC
      ACCAGCTGCT TTGCGGCCAC CGCGTCCGCT CGGTCAGGCA GTAGGGCGAG
      +3
     ━━━━━━━━━━━━━━━━━━━━━━━━━━━━━━━━━━━━━━━━━━━━━━━━━━━━━━━━━━━━━━━━
3351  CTGGCAGGTG TCCTTGCAGC AGTAATCGTC TTGCGGGTCG CTTATGAGCA
      GACCGTCCAC AGGAACGTCG TCATTAGCAG AACGCCCAGC GAATACTCGT
      +3
     ━━━━━━━━━━━━━━━━━━━━━━━━━━━━━━━━━━━━━━━━━━━━━━━━━━━━━━━━━━━━━━━━
3401  ACTCGGCAAC ACTGTCGCGC TTTTCGCCGC CAGCCAGGTC GATCGTTCGC
      TGAGCCGTTG TGACAGCGCG AAAAGCGGCG GTCGGTCCAG CTAGCAAGCG
      +3
     ━━━━━━━━━━━━━━━━━━━━━━━━━━━━━━━━━━━━━━━━━━━━━━━━━━━━━━━━━━━━━━━━
3451  TAGGGCAGA TATCACCATC CCTTATACCT GGTTTCAGTC GCTCAATCCG
      ATCCCGTCT ATAGTGGTAG GGAATATGGA CCAAAGTCAG CGAGTTAGGC
      +3
     ━━━━━━━━━━━━━━━━━━━━━━━━━━━━━━━━━━━━━━━━━━━━━━━━━━━━━━━━━━━━━━━━
3501  CTGGGGGTCA TTCTGTTCAC CCCGCTCCTC GTCTGGGGCT GGCGTAAGGC
      GACCCCCAGT AAGACAAGTG GGGCGAGGAG CAGACCCCGA CCGCATTCCG
      +3
     ━━━━━━━━━━━━━━━━━━━━━━━━━━━━━━━━━━━━━━━━━━━━━━━━━━━━━━━━━━━━━━━━
3551  CGCCGCGAGA GGTGGCTCGC AGAACGACTA TTTCAGGATG GCCATTGGTA
      GCGGCGCTCT CCACCGAGCG TCTTGCTGAT AAAGTCCTAC CGGTAACCAT
      +3
     ━━━━━━━━━━━━━━━━━━━━━━━━━━━━━━━━━━━━━━━━━━━━━━━━━━━━━━━━━━━━━━━━
3601  GCTGCATCAT GGCCGCGGCC TTTATTGGGC TCGCTTTGAT CATCCAGCTC
      CGACGTAGTA CCGGCGCCGG AAATAACCCG AGCGAAACTA GTAGGTCGAG
      +3
     ━━━━━━━━━━━━━━━━━━━━━━━━━━━━━━━━━━━━━━━━━━━━━━━━━━━━━━━━━━━━━━━━
3651  GGGCAACCCG GTCAGATTTT CTGGCCTGTT CTTGCAGCAT TTTTTCTGAT
      CCCGTTGGGC CAGTCTAAAA GACCGGACAA GAACGTCGTA AAAAAGACTA
      +3
     ━━━━━━━━━━━━━━━━━━━━━━━━━━━━━━━━━━━━━━━━━━━━━━━━━━━━━━━━━━━━━━━━
3701  GGTAACCTTT GGCGAGTTGT GGGTGCTTCC GGTCGGTCTC AGTCTGTTTG
      CCATTGGAAA CCGCTCAACA CCCACGAAGG CCAGCCAGAG TCAGACAAAC
      +3
     ━━━━━━━━━━━━━━━━━━━━━━━━━━━━━━━━━━━━━━━━━━━━━━━━━━━━━━━━━━━━━━━━
3751  CGCGCCTAGC GCCTGCAGGG CGAGGTGCAG TCACCATCGC GTTCTGGTAT
      GCGCGGATCG CGGACGTCCC GCTCCACGTC AGTGGTAGCG CAAGACCATA
      +3
     ━━━━━━━━━━━━━━━━━━━━━━━━━━━━━━━━━━━━━━━━━━━━━━━━━━━━━━━━━━━━━━━━
3801  AGCGCGCGAG CCGCTGGCAA TTTTCTTGCC GGATTGATGG GGCGCGCCGA
      TCGCGCGCTC GGCGACCGTT AAAAGAACGG CCTAACTACC CCGCGCGGCT
      +3
     ┅┅┅┅┅┅┅┅┅┅┅┅┅┅┅┅┅┅┅┅┅┅┅┅┅┅┅┅┅┅┅┅┅┅┅┅┅┅┅┅┅┅┅┅┅┅┅┅┅┅┅┅┅┅┅┅┅┅┅┅
3851  ACCTGCACTC GGATATGGCA ACTTCTTCCT GCTTTGCGCA GTGTTTCCGC
      TGGACGTGAG CCTATACCGT TGAAGAAGGA CGAAACGCGT CACAAAGGCG
      +3
     ┅┅┅┅┅┅┅┅┅┅┅┅┅┅┅┅┅┅┅┅┅┅┅┅┅┅┅┅┅┅┅┅┅┅┅┅┅┅┅┅┅┅┅┅┅┅┅┅┅┅┅┅┅┅┅┅┅┅┅┅
3901  TGCTGGCAGC AACGATCTTC GTCGCGATCG GCAAGCGCTC GCGGCGAGCT
      ACGACCGTCG TTGCTAGAAG CAGCGCTAGC CGTTCGCGAG CGCCGCTCGA  ←
      -1
      +3
      ━━━━━━━━━━━━━━━━━━━━━━━━━━━▶
3951  ACGGAAGCCG TCTGAACTCT ATCCCGCTCA GATTGACGGT GTGAAATGTA
      TGCCTTCGGC AGACTTGAGA TAGGGCGAGT CTAACTGCCA CACTTTACAT
      -1
     ━━━━━━━━━━━━━━━━━━━━━━━━━━━━━━━━━━━━━━━━━━━━━━━━━━━━━━━━━━━━━━━━
4001  AAGATTTGAG GACCAACAGC ATGCAACGAA AATGCAGCGT CCGGGCCCAC
      TTCTAAACTC CTGGTTGTCG TACGTTGCTT TTACGTCGCA GGCCCGGGTG
      -1
```

```
4051  AAGGTCATCT GCCAGCGCAG CCTCTAAAGG CACTGCACCT GCAGGAGTAT
      TTCCAGTAGA CGGTCGCGTC GGAGATTTCC GTGACGTGGA CGTCCTCATA
   -1

4101  CCAACGACCA TCCCTTCAGA TCTCTTGACA GGGTCACAGT GATGCCAAGC
      GGTTGCTGGT AGGGAAGTCT AGAGAACTGT CCCAGTGTCA CTACGGTTCG
   -1

4151  TCATCGCTGC GATATTGTCC GGGCCGAAAC AACTTGGTTT CAAGTGCGCC
      AGTAGCGACG CTATAACAGG CCCGGCTTTG TTGAACCAAA GTTCACGCGG
   -1

4201  AGTTCCGACA TAATCGTACG GAATGGGTCC ACTTTCAGTC CACTGAACGA
      TCAAGGCTGT ATTAGCATGC CTTACCCAGG TGAAAGTCAG GTGACTTGCT
   -1

4251  CACGCTCGAT TCCAACCTGT GCGACTGCAT AGCTTAGCAG AACACCCCGG
      GTGCGAGCTA AGGTTGGACA CGCTGACGTA TCGAATCGTC TTGTGGGGCC
   -1

4301  CGCGCGCGGT AGATGCCGTC CTGGCGGCGC GTCACTTTCT CAGCTCTCAT
      GCGCGCGCCA TCTACGGCAG GACCGCCGCG CAGTGAAAGA GTCGAGAGTA
   -1

4351  ATTGTAGCTG ACAATCGGCT CACCGTCTCG GTGAGCGACG ATGAGATACT
      TAACATCGAC TGTTAGCCGA GTGGCAGAGC CACTCGCTGC TACTCTATGA
   -1

4401  GTCCGTACAA GGGATCGCGA TAATAGCCGT CAGGCGCGGA GCGCAGGTCG
      CAGGCATGTT CCCTAGCGCT ATTATCGGCA GTCCGCGCCT CGCGTCCAGC
   -1

4451  CCAACTTTCC CCAGGCGTTT CATTTCGGCA GGATCAATTG CGCGATCAAA
      GGTTGAAAGG GGTCCGCAAA GTAAAGCCGT CCTAGTTAAC GCGCTAGTTT
   -1

4501  TGCTGGATCG GGCGCCCCCG GCTTCACGAG CAAAGCAATT TTGCGCGCAC
      ACGACCTAGC CCGCGGGGGC CGAAGTGCTC GTTTCGTTAA AACGCGCGTG
   -1

4551  GCTCAGCTGG CGCGATATCG TCGCGATTGC ACATCACGCT GATACCAATG
      CGAGTCGACC GCGCTATAGC AGCGCTAACG TGTAGTGCGA CTATGGTTAC
   -1

4601  CCGCTGTCCG GATACAGCAC ATCCATGGCG CGATTGCCTA CAACCAAGCC
      GGCGACAGGC CTATGTCGTG TAGGTACCGC GCTAACGGAT GTTGGTTCGG
   -1

4651  CGAATGCGAC ACAACACGCT CGCTTTGCCG ATCATCCACG AACAACCCAC
      GCTTACGCTG TGTTGTGCGA GCGAAACGGC TAGTAGGTGC TTGTTGGGTG
   -1

4701  CGGCATAATC GACAGATCTG CCAGAACGCA GTTTCCCGTT CGCGAGGCGG
      GCCGTATTAG CTGTCTAGAC GGTCTTGCGT CAAAGGGCAA GCGCTCCGCC
   -1

4751  GCCACTTCGA GTGCCTCACC GCCGGTTGTC GCCGCGAGCG ATGCCCATG
      CGGTGAAGCT CACGGAGTGG CGGCCAACAG CGGCGCTCGC TACGGGGTAC
   -1

4801  CCAAAGAGCA AGATCGCCAA CATTAGTCCG CACGCCGCGG TCGCCATAGC
      GGTTTCTCGT TCTAGCGGTT GTAATCAGGC GTGCGGCGCC AGCGGTATCG
   -1
```

```
4851   CTTGCCAGGT CCAGGCTGCG GAGACAAAGC TACCGTTCTT GTCGATTTGA
       GAACGGTCCA GGTCCGACGC CTCTGTTTCG ATGGCAAGAA CAGCTAAACT
  -1

4901   TAGCCGCGCG CGTCACCTGC AACGAGACTG GTCGTATCAA GCGTTGCGCG
       ATCGGCGCGC GCAGTGGACG TTGCTCTGAC CAGCATAGTT CGCAACGCGC
  -1

4951   AGTTTCCGTC ATGCCCGCCG GAATGAAGAG CCGCTCCCGC GCAGCATCCG
       TCAAAGGCAG TACGGGCGGC CTTACTTCTC GGCGAGGGCG CGTCGTAGGC
  -1

5001   GAAATGACTT TCCGGTTAGG CGTTCCACGA TTTCTGCGAG CAGGAAGTAA
       CTTTACTGAA AGGCCAATCC GCAAGGTGCT AAAGACGCTC GTCCTTCATT
  -1

5051   TTGGTGTTGA CGTAGGAAAA ACGACGGCCA GGTGGGCCGT CGAGTCCGCG
       AACCACAACT GCATCCTTTT TGCTGCCGGT CCACCCGGCA GCTCAGGCGC
  -1

5101   TTGCGCCTTG ACGAAGGCCA GCACTTCCTC GCGGGAATGG GGTTTGCTCT
       AACGCGGAAC TGCTTCCGGT CGTGAAGGAG CGCCCTTACC CCAAACGAGA
  -1

5151   CATCGTCTCC GCGTGCCCTG AATGCATCGA AATACTCGCG AATGCCGCTG
       GTAGCAGAGG CGCACGGGAC TTACGTAGCT TTATGAGCGC TTACGGCGAC
  -1

5201   GTGTGGTGCA ACAAGTCCGC GACCGTGACC GGATCGTAGA CCTTAGGGAG
       CACACCACGT TGTTCAGGCG CTGGCACTGG CCTAGCATCT GGAATCCCTC
  -1

5251   GTCAGGCAGA TAGGTGCGGA TAGATGCCGC CAATTTAAGT CGGCGTTCCT
       CAGTCCGTCT ATCCACGCCT ATCTACGGCG GTTAAATTCA GCCGCAAGGA
  -1

5301   GTACCAAGAT CAGGATGAGA GCGGCCGTGA ACTGCTTCGA TGTTGACGCC
       CATGGTTCTA GTCCTACTCT CGCCGGCACT TGACGAAGCT ACAACTGCGG
  -1

5351   AGTTCGAAGC GTGTTGCGGG TGTGATCGGC TCGCGGGTGG CTAGATCAGC
       TCAAGCTTCG CACAACGCCC ACACTAGCCG AGCGCCCACC GATCTAGTCG
  -1

5401   AAGTCCAAAG CCGCCCTGAT AGAGAACCTT GCCGCGCAGA TCCACAGCAT
       TTCAGGTTTC GGCGGGACTA TCTCTTGGAA CGGCGCGTCT AGGTGTCGTA
  -1

5451   AAGCGCAGCC CGGTTGATCC GGCCGGATAT CAGCAAATAC CGCATCGAGC
       TTCGCGTCGG GCCAACTAGG CCGGCCTATA GTCGTTTATG GCGTAGCTCG
  -1

5501   TCCTTCGGAT CGACATGGGA AGTCGCCATT GGCATTGCGA CCGTCAGCGC
       AGGAAGCCTA GCTGTACCCT TCAGCGGTAA CCGTAACGCT GGCAGTCGCG
  -1

5551   CAGGAAAAGC TTTGTTGCAG TCAT
       GTCCTTTTCG AAACAACGTC AGTA
  -1
```

附录 B 微囊藻毒素 LR 降解产物结构二级质谱分析

一、产物 A 二级质谱图分析

输入：

编号		33
分子质量/Da		1012.5593
分子式		$C_{49}H_{76}N_{10}O_{13}$
等效双键		17

尝试：

产物离子质量/Da	1013.569 1014.5712 1015.5778 105.0705 113.9644 117.0704 135.0809 136.0844 149.0238 163.1122 375.1918 431.7359 432.2374 458.6949 482.7604 488.2828 489.2842 571.3198 862.4679 863.4711 864.4742 865.4732 +/–0.01 阳离子模式，结构过渡器关闭
等效双键	–10～50
电子计数	两个
最大 H 亏损	6
条带碎片数	4
得分	芳香：6，多个：4，环：2，苯基：8，其他：1 H 亏损：0，异质性：0.5，最高分：16
顺序	分子量
情节	显示 ◉ 隐藏 ○
文件	CSV

结果：

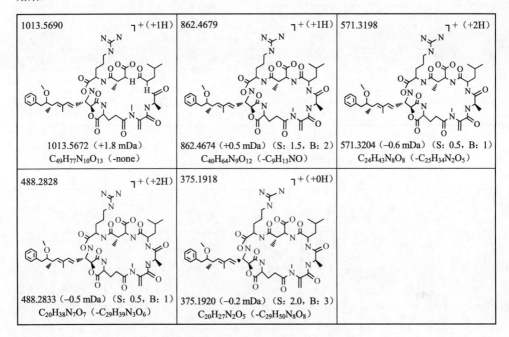

1013.5690 ⌐+(+1H) 1013.5672（+1.8 mDa） $C_{49}H_{77}N_{10}O_{13}$（-none）	862.4679 ⌐+(+1H) 862.4674（+0.5 mDa）（S：1.5，B：2） $C_{40}H_{64}N_9O_{12}$（$-C_9H_{13}NO$）

571.3198 ⌐+（+2H）
571.3204（−0.6 mDa）（S：0.5，B：1）
$C_{24}H_{43}N_8O_8$（$-C_{25}H_{34}N_2O_5$）

488.2828 ⌐+（+2H）
488.2833（−0.5 mDa）（S：0.5，B：1）
$C_{20}H_{38}N_7O_7$（$-C_{29}H_{39}N_3O_6$）

375.1918 ⌐+（+0H）
375.1920（−0.2 mDa）（S：2.0，B：3）
$C_{20}H_{27}N_2O_5$（$-C_{29}H_{50}N_8O_8$）

二、产物 B 二级质谱图分析

输入：

编号	22
分子质量/Da	614.3316
分子式	$C_{32}H_{46}N_4O_8$
等效双键	12

尝试：

产物离子质量/Da	107.0894 135.0806 135.1159 163.1122 164.1203 173.0923 174.0952 195.0771 213.0875 218.1543 237.1629 239.0678 246.1501 256.1314 258.1858 259.1874 264.1265 264.1607 265.1587 265.1715 266.1669 284.1252 292.1544 293.1209 293.1585 297.1805 297.1956 298.1899 302.1344 320.2022 347.1950 347.2137 348.1941 352.2210 352.2380 375.1028 375.1396 375.1909 376.1476 376.1939 376.2095 377.1974 380.2204 382.1528 394.1994 395.2072 426.2267 427.2267 427.2481 446.2312 464.1090 464.1373 464.1748 464.2378 465.1833 465.2408 465.2597 466.2415 466.2622 467.2471 477.1886 477.2361 477.2621 478.2375 478.2605 479.2462 481.2597 509.1787 509.2111 509.2633 510.2152 510.2664 510.2899 511.2612 511.2861 566.2245 566.2857 567.2874 567.3178 568.2876 580.2993 581.2974 598.1810 598.2322 598.3110 599.2347 599.3138 599.3379 600.2756 600.3176 601.3213 615.2109 615.2633 615.3374 616.2743 616.3399 616.3723 617.3357 617.3672 618.3440 +/−0.01 阳离子模式，结构过渡器关闭

续表

等效双键	−10～50
电子计数	两个
最大 H 亏损	6
条带碎片数	4
得分	芳香：6，多个：4，环：2，苯基：8，其他：1 H 亏损：0，异质性：0.5，最高分：16
顺序	分子量
情节	显示◉　隐藏○
文件	CSV

结果：

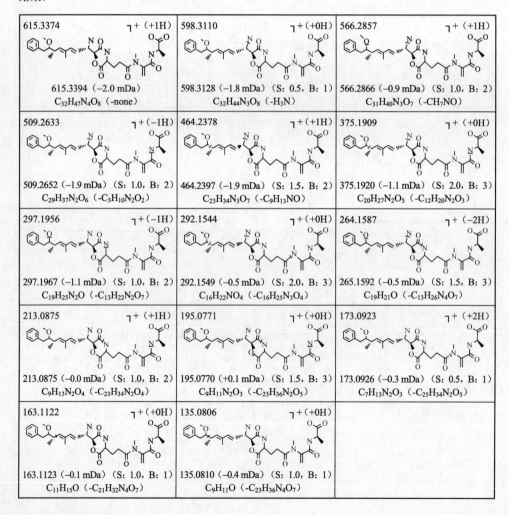

615.3374 ⌐+（+1H）
615.3394（−2.0 mDa）
$C_{32}H_{47}N_4O_8$（-none）

598.3110 ⌐+（+0H）
598.3128（−1.8 mDa）（S: 0.5, B: 1）
$C_{32}H_{44}N_3O_8$（-H$_3$N）

566.2857 ⌐+（+1H）
566.2866（−0.9 mDa）（S: 1.0, B: 2）
$C_{31}H_{40}N_3O_7$（-CH$_7$NO）

509.2633 ⌐+（−1H）
509.2652（−1.9 mDa）（S: 1.0, B: 2）
$C_{29}H_{37}N_2O_6$（-C$_3$H$_{10}$N$_2$O$_2$）

464.2378 ⌐+（+1H）
464.2397（−1.9 mDa）（S: 1.5, B: 2）
$C_{23}H_{34}N_3O_7$（-C$_9$H$_{13}$NO）

375.1909 ⌐+（+0H）
375.1920（−1.1 mDa）（S: 2.0, B: 3）
$C_{20}H_{27}N_2O_5$（-C$_{12}$H$_{20}$N$_2$O$_3$）

297.1956 ⌐+（−1H）
297.1967（−1.1 mDa）（S: 1.0, B: 2）
$C_{19}H_{25}N_2O$（-C$_{13}$H$_{22}$N$_2$O$_7$）

292.1544 ⌐+（+0H）
292.1549（−0.5 mDa）（S: 2.0, B: 3）
$C_{16}H_{22}NO_4$（-C$_{16}$H$_{25}$N$_3$O$_4$）

264.1587 ⌐+（−2H）
265.1592（−0.5 mDa）（S: 1.5, B: 3）
$C_{19}H_{21}O$（-C$_{13}$H$_{26}$N$_4$O$_7$）

213.0875 ⌐+（+1H）
213.0875（−0.0 mDa）（S: 1.0, B: 2）
$C_9H_{13}N_2O_4$（-C$_{23}$H$_{34}$N$_2$O$_4$）

195.0771 ⌐+（+0H）
195.0770（+0.1 mDa）（S: 1.5, B: 3）
$C_9H_{11}N_2O_3$（-C$_{23}$H$_{36}$N$_2$O$_5$）

173.0923 ⌐+（+2H）
173.0926（−0.3 mDa）（S: 0.5, B: 1）
$C_7H_{13}N_2O_3$（-C$_{25}$H$_{34}$N$_2$O$_5$）

163.1122 ⌐+（+0H）
163.1123（−0.1 mDa）（S: 1.0, B: 1）
$C_{11}H_{15}O$（-C$_{21}$H$_{32}$N$_4$O$_7$）

135.0806 ⌐+（+0H）
135.0810（−0.4 mDa）（S: 1.0, B: 1）
$C_9H_{11}O$（-C$_{23}$H$_{36}$N$_4$O$_7$）

三、产物 C 和产物 D 二级质谱图分析

输入：

编号	44
分子质量/Da	331.2147
分子式	$C_{20}H_{29}NO_3$
等效双键	7

尝试：

产物离子质量/Da	105.0703 106.0733 107.0867 117.0697 119.0877 123.0827 131.0859 133.0971 133.1055 135.0808 135.1172 136.0840 137.0892 141.0691 141.0914 142.0933 143.0861 144.0872 144.0962 145.1018 146.1053 147.1167 153.0911 155.0857 155.0932 156.0903 157.1021 163.1114 163.1193 164.1142 167.0809 169.1016 170.1046 171.0826 172.0843 173.0964 174.1028 175.1120 176.1156 177.1156 179.1072 180.1106 181.1021 181.1222 182.1270 183.1173 185.0938 189.0915 190.0941 191.1071 192.1081 193.1012 195.1173 196.1232 197.1310 201.0897 201.0989 202.0985 205.1237 207.1169 208.1174 209.1330 210.1250 210.1368 211.1118 211.1407 213.0858 221.1181 221.1314 222.1387 223.1092 227.1060 228.1091 237.1644 238.1685 238.1814 239.1752 241.1225 247.1485 247.1620 248.1518 255.1819 256.1753 265.1591 266.1630 266.1758 267.1688 269.1857 283.1697 284.1727 285.1768 286.1887 297.1852 315.1958 316.1971 83.0856 91.0550 92.0581 95.0862 99.0439 +/–0.01 阳离子模式，结构过渡器关闭
等效双键	–10～50
电子计数	两个
最大 H 亏损	6
条带碎片数	4
得分	芳香：6，多个：4，环：2，苯基：8，其他：1 H 亏损：0，异质性：0.5，最高分：16
顺序	分子量
情节	显示 ◉　隐藏 ○
文件	CSV

结果：

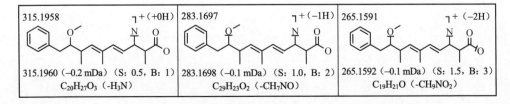

315.1958 ⌐+(+0H)	283.1697 ⌐+(−1H)	265.1591 ⌐+(−2H)
315.1960 (−0.2 mDa) (S: 0.5, B: 1) $C_{20}H_{27}O_3$ (−H$_3$N)	283.1698 (−0.1 mDa) (S: 1.0, B: 2) $C_{29}H_{23}O_2$ (−CH$_7$NO)	265.1592 (−0.1 mDa) (S: 1.5, B: 3) $C_{19}H_{21}O$ (−CH$_9$NO$_2$)

237.1644 ⌐+（-2H） 237.1643（+0.1 mDa）（S: 2.0, B: 3） $C_{18}H_{21}$（$-C_2H_9NO_3$）	209.1330 ⌐+（-2H） 209.1330（-0.0 mDa）（S: 7.0, B: 3） $C_{16}H_{17}$（$-C_4H_{13}NO_3$）	181.1021 ⌐+（-2H） 181.1017（+0.4 mDa）（S: 2.5, B: 3） $C_{14}H_{13}$（$-C_6H_{17}NO_3$）
181.1021 ⌐+（-2H） 181.1017（+0.4 mDa）（S: 2.5, B: 3） $C_{14}H_{13}$（$-C_6H_{17}NO_3$）	179.1072 ⌐+（-1H） 179.1072（-0.0 mDa）（S: 1.5, B: 2） $C_{11}H_{15}O_2$（$-C_9H_{15}NO$）	175.1120 ⌐+（+2H） 175.1123（-0.3 mDa）（S: 2.5, B: 3） $C_{12}H_{15}O$（$-C_8H_{15}NO_2$）
135.0808 ⌐+（+0H） 135.0810（-0.2 mDa）（S: 1.0, B: 1） $C_9H_{11}O$（$-C_{11}H_{19}NO_2$）		